秦野 透 著

数III
定理・公式
ポケットリファレンス

技術評論社

数Ⅲ定理・公式ポケットリファレンス
—目 次—

はじめに …4
本書の使い方 …5

第1章 複素数平面
- 1-1 複素数平面・極形式 …6
- 1-2 ド・モアブルの定理 …8
- 1-3 共役な複素数と絶対値 …10
- 1-4 複素数平面と図形 …12

第2章 2次曲線
- 2-1 楕円 …14
- 2-2 双曲線 …16
- 2-3 放物線 …18
- 2-4 楕円・双曲線の接線 …20
- 2-5 曲線の媒介変数表示 …22
- 2-6 楕円の媒介変数表示 …24
- 2-7 極座標と極方程式 …26
- 2-8 離心率 …28

第3章 関数
- 3-1 分数関数 …30
- 3-2 無理関数 …32
- 3-3 逆関数 …34
- 3-4 合成関数 …36

第4章 数列の極限
- 4-1 収束する数列の性質 …38
- 4-2 無限大に発散する数列の性質 …40
- 4-3 数列の極限の計算 …42
- 4-4 数列の極限と不等式 …44
- 4-5 $\{r^n\}$の極限 …46
- 4-6 無限級数 …48
- 4-7 無限等比級数 …50

第5章 関数の極限
- 5-1 関数の極限(収束) …52
- 5-2 関数の極限(無限大に発散) …54
- 5-3 関数の極限の計算 …56
- 5-4 左側極限と右側極限 …58
- 5-5 関数の極限と不等式 …60
- 5-6 極限が収束する条件 …62
- 5-7 指数関数と対数関数の極限 …64
- 5-8 三角関数の極限 …66
- 5-9 自然対数の底 …68
- 5-10 関数の連続性 …70
- 5-11 中間値の定理 …72

第6章 微 分 法

- 6-1 微分可能と微分係数 …74
- 6-2 導関数の定義 …76
- 6-3 導関数の公式 …78
- 6-4 合成関数の微分 …80
- 6-5 逆関数の微分・xの有理数乗の微分 …82
- 6-6 曲線の方程式と微分（陰関数の微分） …84
- 6-7 媒介変数表示と微分 …86
- 6-8 対数微分法 …88
- 6-9 高次導関数 …90
- 6-10 接線と法線 …92
- 6-11 平均値の定理 …94
- 6-12 関数の増減と極値 …96
- 6-13 関数の増減と不等式 …98
- 6-14 曲線の凹凸・関数のグラフと方程式の実数解 …100
- 6-15 漸近線 …102
- 6-16 偶関数と奇関数 …104
- 6-17 近似式 …106
- 6-18 速度と加速度 …108
- 6-19 媒介変数表示で表される曲線の図示 …110

第7章 積 分 法

- 7-1 原始関数と不定積分 …112
- 7-2 置換積分法 $(f(g(x))g'(x)$の不定積分) …114
- 7-3 置換積分法（積分変数の変換） …116
- 7-4 部分積分法 …118
- 7-5 分数式の積分 …120
- 7-6 三角関数の積分 …122
- 7-7 定積分・絶対値と定積分 …124
- 7-8 定積分の置換積分法 …126
- 7-9 定積分の部分積分法 …128
- 7-10 定積分を含む等式 …130
- 7-11 定積分と面積 …132
- 7-12 定積分と体積 …134
- 7-13 定積分と不等式 …136
- 7-14 区分求積法 …138
- 7-15 偶関数と奇関数の定積分 …140
- 7-16 媒介変数表示で表される曲線と面積・体積 …142
- 7-17 速度と道のり・曲線の長さ …144

数の分類・ギリシャ文字・区間を表す記号 …147
索引 …148
著者プロフィール …151

はじめに

　本書は数学Ⅲの各分野の基本事項と，それを確認する例題を中心に構成されています．数学の基本事項は抽象的なものが多く，確実に理解するのは容易ではありません．かといって，基本事項を疎かにしていては数学の実力の向上は望めません．

　そこで，本書では基本事項を読みやすいように，項目別に一つのページにまとめ，さらに，その基本事項の理解と活用の手助けとなる例題を掲載することで，読者の皆さんに各項目の内容を理解してもらえるように工夫しました．

　また，各分野の繋がりもしっかり理解してもらうべく，基本事項や例題の内容で他の項目と関連があるものについては，その関連する内容が掲載されている箇所への案内も記しています．本書を各分野を項目別に理解するためだけではなく，各分野を包括的に捉えるためにも活用してもらいたいと思っています．

　　2014年7月

　　　　　　　　　　　　　　　　　　　　　　　　　　　　秦野　　透

本書の使い方〜基本事項と例題の構成について〜

■ 要点　　その項目の基本事項をまとめた欄です．単なる数式や用語の羅列ではなく，その項目のストーリーを読者の皆さんに伝えるように書かれていますので，この欄は最初から最後までじっくり読んでください．頻出事項に関しては太字で記してあります．

(注)　　■ 要点などに書いてある内容で，もう少し付け足しておきたい事柄については，その事柄が記されている箇所にこの記号が記されています．そして，(注)と記されたところに，その付け足しの内容が書かれています．目を通しておいて損はない内容なので，ぜひチェックしてみてください．なお，(注)に相当する内容が複数あるときは，(注1)，(注2)，(注3)，……のように記しています．また，その項目で本書全体についてのことわりがある場合は，そのことわりを(注釈)と記されたところに書いています．

(ⅰ), (ⅱ), (ⅲ), ……　　■ 要点や(注)に，このような番号が登場する項目があります．その項目の基本事項はこの番号の順番に読むと，よりその項目のストーリーがはっきりしてきます．

①, ②, ③, ……　　基本事項や(注)においてこの番号が出てきたときは，その項目でよく用いる手法の手順をこの番号の順番で表してします．慣れないうちはこの手順に従って計算をしたり問題を解いたりするとよいでしょう．

参考　　その項目のトピックや発展的内容をコラムのようにまとめたものです．余裕があれば読んでみてください．

例題　　その項目の基本事項を理解するための問題です．頻出問題を取り上げていますので，この例題を自力で解く力をつけるだけでも，かなりの実力アップに繋がります．

(補足)　　例題を一通りやり終えてから読んでもらいたい補足事項です．問題を通じて新たな発見があるのも数学の醍醐味の一つですので，ぜひ目を通してください．なお，(補足)に相当する内容が複数あるときは，(補足1)，(補足2)，……のように記しています．

関連➡　　他の項目と関連がある内容には，その事柄が記されている箇所に，他のどの項目と関連があるかの案内を記しています．

1-01

複素数平面・極形式

■ 要点

i を虚数単位とし,a,b,p,q を実数とする.
**複素数 $a+bi$ を図のように点 (a, b) に対応させる.
この平面を複素数平面という.** 複素数 α に対応する
点 P を P(α) と表し,この点を「点 α」ともいう.

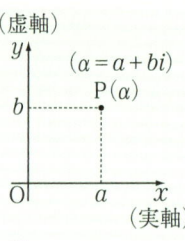

・複素数の和と平行移動

→ $z=a+bi$,$w=z+(p+qi)$ とする.
$$(a+bi)+(p+qi)=(a+p)+(b+q)i$$
であるから,**点 w は点 z を実軸方向に p,虚軸
方向に q だけ平行移動した点である.**

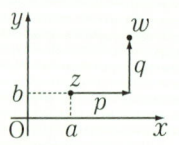

・極形式と回転移動

→ $z=a+bi$ とし,$r=\sqrt{a^2+b^2}$ とする.
さらに,P(z) とし,$z \neq 0$ のとき,**実軸の正の
部分から半直線 OP までの回転角を θ とすると,**
$$z=r(\cos\theta+i\sin\theta)$$
と表される.これを z の極形式表示という.

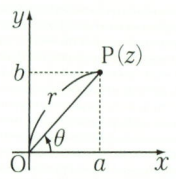

$a=r\cos\theta$,$b=r\sin\theta$

また,r を z の**絶対値**といい,$|z|$ と表す.さらに,θ を z の**偏角**
といい,$\arg z$ と表す.なお,偏角は反時計回りを正の向きとする.

ここで,0 でない 2 つの複素数
$$z=r_1(\cos\theta_1+i\sin\theta_1),$$
$$w=r_2(\cos\theta_2+i\sin\theta_2)$$
に対して,三角関数の加法定理より,
$$zw=r_1r_2\{\cos(\theta_1+\theta_2)+i\sin(\theta_1+\theta_2)\},$$
$$\frac{z}{w}=\frac{r_1}{r_2}\{\cos(\theta_1-\theta_2)+i\sin(\theta_1-\theta_2)\}$$

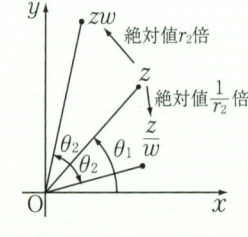

となる.したがって,次のことが成り立つことがわかる.…(注)

$$|zw|=|z||w|,\quad \arg zw=\arg z+\arg w,$$
$$\left|\frac{z}{w}\right|=\frac{|z|}{|w|},\quad \arg\frac{z}{w}=\arg z-\arg w.$$

(注) 偏角の等式は両辺の差が 2π の整数倍になることを意味している.

複素数平面・極形式

例題1

$z = 1 + \sqrt{3}i$, $w = 1 + i$ とするとき, z, w, zw をそれぞれ極形式で表せ.

▶解答と解説

$z = 2\left(\cos\dfrac{\pi}{3} + i\sin\dfrac{\pi}{3}\right)$, $w = \sqrt{2}\left(\cos\dfrac{\pi}{4} + i\sin\dfrac{\pi}{4}\right)$
である. これより,
$zw = 2\sqrt{2}\left\{\cos\left(\dfrac{\pi}{3} + \dfrac{\pi}{4}\right) + i\sin\left(\dfrac{\pi}{3} + \dfrac{\pi}{4}\right)\right\}$
$= 2\sqrt{2}\left(\cos\dfrac{7}{12}\pi + i\sin\dfrac{7}{12}\pi\right).$

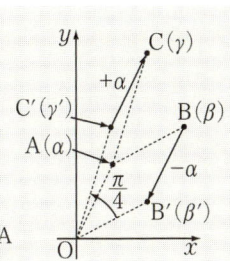

例題2

$\alpha = 1 + 2i$, $\beta = 3 + 3i$ とし, $A(\alpha)$, $B(\beta)$ とする.

(1) 線分ABを点Aが原点に移るように平行移動するとき, 点Bが移る点をB'とする. 点B'を表す複素数をβ'とするとき, β'を求めよ.

(2) (1)の点B'を原点を中心として$\dfrac{\pi}{4}$だけ回転し, $\sqrt{2}$倍に拡大した点をC'とする. 点C'を表す複素数をγ'とするとき, γ'を求めよ.

(3) 点Bを点Aを中心として$\dfrac{\pi}{4}$だけ回転し, $\sqrt{2}$倍に拡大した点をCとする. 点Cを表す複素数をγとするとき, γを求めよ.

▶解答と解説

(1) $\beta' = \beta - \alpha = (3 + 3i) - (1 + 2i) = 2 + i.$

(2) $\gamma' = \beta' \cdot \sqrt{2}\left(\cos\dfrac{\pi}{4} + i\sin\dfrac{\pi}{4}\right)$
$= (2 + i) \cdot \sqrt{2}\left(\dfrac{1}{\sqrt{2}} + \dfrac{1}{\sqrt{2}}i\right) = 1 + 3i.$

(3) (2)の点C'に対して, 線分OC'を原点が点Aに移るように平行移動したとき, 点C'が移る点がCであるから,
$\gamma = \gamma' + \alpha = (1 + 3i) + (1 + 2i) = 2 + 5i.$

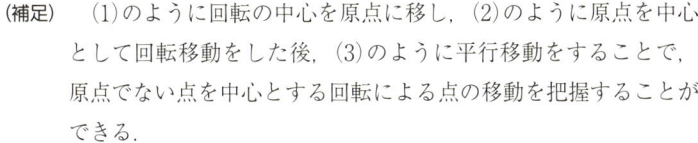

(補足) (1)のように回転の中心を原点に移し, (2)のように原点を中心として回転移動をした後, (3)のように平行移動をすることで, 原点でない点を中心とする回転による点の移動を把握することができる.

1-02 ド・モアブルの定理

要点

i を虚数単位とする。複素数の積についての性質から，

n が整数のとき，$(\cos\theta + i\sin\theta)^n = \cos n\theta + i\sin n\theta$

が成り立つ。これを「ド・モアブルの定理」という。…(注)

ド・モアブルの定理は，複素数 w に対して，w^n（n は整数）を求めるときなどに利用できる。

(注) 0 でない複素数 w に対して，$w^0 = 1$，$w^{-n} = \dfrac{1}{w^n}$（n は整数）である。

> **参考** 1 の n 乗根
>
> n を正の整数とする。複素数 α に対して，方程式 $z^n = \alpha$ の解を「α の n 乗根」という。特に，1 の n 乗根には次のような性質がある。
>
> ド・モアブルの定理から，方程式 $z^n = 1$ の解は
>
> $$z_k = \cos\dfrac{2k\pi}{n} + i\sin\dfrac{2k\pi}{n} \quad (k = 0, 1, 2, \cdots, n-1)$$
>
> の n 個の複素数であることがわかる。なお，n がどんな正の整数であっても，$z_0 = 1$ である。
>
> **関連 → 1-02 例題 2**
>
> また，このことから，複素数平面上においてこの n 個の複素数を表す点は，単位円（原点を中心とする半径 1 の円）に内接する正 n 角形の頂点になることがわかる。
>
> $n = 4$ のとき
>
>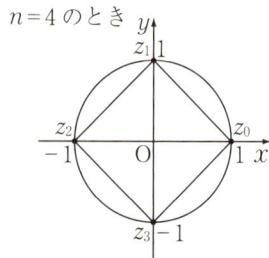
>
> $n = 6$ のとき
>
>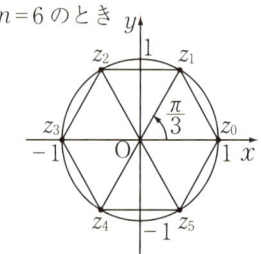

ド・モアブルの定理

● 例題1

$(1+i)^{20}$ を求めよ.

▶解答と解説

$1+i = \sqrt{2}\left(\cos\dfrac{\pi}{4} + i\sin\dfrac{\pi}{4}\right)$ であるから,

$$(1+i)^{20} = \left\{\sqrt{2}\left(\cos\dfrac{\pi}{4} + i\sin\dfrac{\pi}{4}\right)\right\}^{20} = (\sqrt{2})^{20}\left(\cos\dfrac{\pi}{4} + i\sin\dfrac{\pi}{4}\right)^{20}$$
$$= 2^{10}\left\{\cos\left(20\cdot\dfrac{\pi}{4}\right) + i\sin\left(20\cdot\dfrac{\pi}{4}\right)\right\} = 1024(\cos 5\pi + i\sin 5\pi)$$
$$= 1024\cdot(-1 + i\cdot 0) = -1024.$$

● 例題2

$z^5 = 1$ を満たす複素数 z をすべて求め,極形式で表せ.

▶解答と解説

$z = 0$ は $z^5 = 1$ を満たさないので,$z \neq 0$ である.よって,z の極形式を
$$z = r(\cos\theta + \sin\theta) \quad (r > 0,\ 0 \leq \theta < 2\pi)$$
とおくことができる.

$z^5 = 1$ より,$r^5(\cos 5\theta + \sin 5\theta) = \cos 0 + i\sin 0$.

両辺の絶対値と偏角を比較すると,…(補足1)
$$r^5 = 1 \cdots ①,\quad 5\theta = 2k\pi\ (k\text{ は整数}) \cdots ②.$$

$r > 0$ であるから,①より,$r = 1$. …(補足2)

②より,$\theta = \dfrac{2}{5}k\pi$ であり,k が整数であることと $0 \leq \theta < 2\pi$ であることから,$k = 0,\ 1,\ 2,\ 3,\ 4$. ゆえに,$\theta = 0,\ \dfrac{2}{5}\pi,\ \dfrac{4}{5}\pi,\ \dfrac{6}{5}\pi,\ \dfrac{8}{5}\pi$.

したがって,
$$z = \cos 0 + i\sin 0,\ \cos\dfrac{2}{5}\pi + i\sin\dfrac{2}{5}\pi,\ \cos\dfrac{4}{5}\pi + i\sin\dfrac{4}{5}\pi,$$
$$\cos\dfrac{6}{5}\pi + i\sin\dfrac{6}{5}\pi,\ \cos\dfrac{8}{5}\pi + i\sin\dfrac{8}{5}\pi.$$

(補足1) 0でない2つの複素数 α,β に対して,$\alpha = \beta$ となる条件は
$$|\alpha| = |\beta| \quad \text{かつ} \quad \arg\alpha = \arg\beta$$
である.

(補足2) $r > 0$ のとき,$r^n = 1$ (n は正の整数)を解くと,$r = 1$ となる.

1-03 共役な複素数と絶対値

要点

・共役な複素数

→ i を虚数単位とし，a, b とする．

複素数 $a+bi$ に対して，$a-bi$ を $a+bi$ に共役な複素数，または $a+bi$ の共役複素数という．また，複素数 z の共役複素数を $\bar{z}$ と表す．このことから，

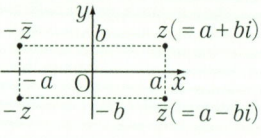

$$|z|^2 = z\bar{z},$$
$$z が実数 \iff \bar{z} = z,$$
$$z が純虚数 \iff \lceil \bar{z} = -z \text{ かつ } z \neq 0 \rfloor$$

となることがわかる．

さらに，複素数 α, β について，次のことが成り立つ．

$$\overline{\alpha \pm \beta} = \bar{\alpha} \pm \bar{\beta} (複号同順),\ \overline{\alpha\beta} = \bar{\alpha}\bar{\beta},\ \beta \neq 0 ならば \overline{\left(\frac{\alpha}{\beta}\right)} = \frac{\bar{\alpha}}{\bar{\beta}}.$$

・絶対値と図形

→ 複素数平面上で2点A, Bを表す複素数をそれぞれ α, β とするとき，

$$AB = |\beta - \alpha|$$

が成り立つ．

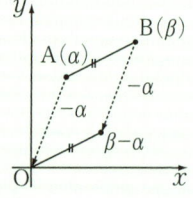

このことから，

点Aを中心とする半径 r (r は正の定数)の円は，
$|z-\alpha| = r$ を満たす点 z 全体

であり，

線分ABの垂直二等分線は，
$|z-\alpha| = |z-\beta|$ 満たす点 z 全体

であることがわかる．

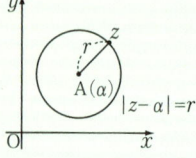
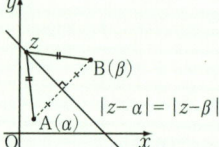

共役な複素数と絶対値

例題1

a, b, c, dを実数とし, $f(x) = ax^3 + bx^2 + cx + d$とする.

(1) 複素数zに対して, $f(\bar{z}) = \overline{f(z)}$が成り立つことを証明せよ.
(2) 複素数zが方程式$f(x) = 0$の解であるとき, $\bar{z}$もこの方程式の解であることを証明せよ.

▶解答と解説

(1) 複素数α, βについて, $\overline{\alpha + \beta} = \bar{\alpha} + \bar{\beta}$, $\overline{\alpha\beta} = \bar{\alpha}\bar{\beta}$が成り立つことと, γが実数であるとき$\gamma = \bar{\gamma}$が成り立つことから,

$f(\bar{z}) = a(\bar{z})^3 + b(\bar{z})^2 + c\bar{z} + d = \bar{a}\,\overline{z^3} + \bar{b}\,\overline{z^2} + \bar{c}\,\bar{z} + \bar{d} = \overline{az^3} + \overline{bz^2} + \overline{cz} + \bar{d}$
$= \overline{az^3 + bz^2 + cz + d} = \overline{f(z)}$

となるので, $f(\bar{z}) = \overline{f(z)}$が成り立つ.

(2) zが方程式$f(x) = 0$の解であるので, $f(z) = 0$. このことと(1)より, $f(\bar{z}) = \overline{f(z)} = \bar{0} = 0$となるので, $\bar{z}$も$f(x) = 0$の解である. …(補足)

(補足) 同様にして, 複素数zが, 係数がすべて実数であるn次方程式
$$a_n x^n + a_{n-1} x^{n-1} + \cdots + a_1 x + a_0 = 0$$
(nは正の整数で, $a_n \neq 0$であり, a_n, a_{n-1}, $\cdots$, a_1, a_0はすべて実数)の解であるとき, $\bar{z}$もこの方程式の解であることがわかる.

例題2

$2|z| = |z + 6|$を満たす点z全体はどのような図形か.

▶解答と解説

$2|z| = |z + 6|$の両辺を2乗すると, $4|z|^2 = |z + 6|^2$.

これより, $4z\bar{z} = (z + 6)\overline{(z + 6)}$, すなわち, $4z\bar{z} = (z + 6)(\bar{z} + 6)$となるので, これを整理すると, $z\bar{z} - 2z - 2\bar{z} = 12$. …(補足1)

したがって, $(z - 2)(\bar{z} - 2) = 16$, すなわち, $(z - 2)\overline{(z - 2)} = 16$となるので, $|z - 2|^2 = 16$が成り立つ. …(補足2)

このことと, $|z - 2| \geq 0$であることから, $|z - 2| = 4$となる.

したがって, 点z全体が表す図形は, 点2を中心とする半径4の円である.

(補足1) 絶対値を含む式は$|z|^2 = z\bar{z}$を利用して式変形をすることが多い.
(補足2) このようにして, 等式$z\bar{z} - sz - s\bar{z} = t$は$|z - s|^2 = s^2 + t$と変形できる($s$, tは実数).

1-04 複素数平面と図形

■ 要点

- 線分の内分点，外分点
  → $A(\alpha)$, $B(\beta)$とする．

    線分ABを$m:n$に内分する点を表す複素数は $\dfrac{n\alpha+m\beta}{m+n}$,

    線分ABを$m:n$に外分する点を表す複素数は $\dfrac{-n\alpha+m\beta}{m-n}$

  である．特に，**線分ABの中点を表す複素数は $\dfrac{\alpha+\beta}{2}$** である．

- 半直線のなす角と線分の長さの比
  → 異なる3点$A(\alpha)$, $B(\beta)$, $C(\gamma)$において，半直線ABから半直線ACまでの回転角を$\angle\beta\alpha\gamma$と表すとき，図より，

    $\angle\beta\alpha\gamma = \arg(\gamma-\alpha) - \arg(\beta-\alpha)$

    すなわち，

    $$\angle\beta\alpha\gamma = \arg\dfrac{\gamma-\alpha}{\beta-\alpha} \cdots (*)$$

    となることがわかる．

    さらに，$\left|\dfrac{\gamma-\alpha}{\beta-\alpha}\right| = \dfrac{|\gamma-\alpha|}{|\beta-\alpha|}$であるから，$\left|\dfrac{\gamma-\alpha}{\beta-\alpha}\right| = \dfrac{AC}{AB}$となる．

    したがって，$\dfrac{\gamma-\alpha}{\beta-\alpha}$の値から，三角形ABCの形状がわかる．

  (関連)→ 1-01 例題2

- 3点が同一直線上にある条件，2直線が垂直である条件
  → 異なる3点$A(\alpha)$, $B(\beta)$, $C(\gamma)$において，次のことが成り立つ．

    $-\pi < \angle\beta\alpha\gamma \leqq \pi$とすると，3点A，B，Cが一直線上にあるのは$\angle\beta\alpha\gamma$が0または$\pi$のときなので，(*)から，

    3点A，B，Cが一直線上にある $\iff$ $\dfrac{\gamma-\alpha}{\beta-\alpha}$ は実数

    であり，ABとACが垂直であるのは$\angle\beta\alpha\gamma$が$-\dfrac{\pi}{2}$または$\dfrac{\pi}{2}$のときなので，(*)から，

    ABとACが垂直である $\iff$ $\dfrac{\gamma-\alpha}{\beta-\alpha}$ は純虚数

    である．

複素数平面と図形

例題1

三角形ABCがあり，点A，B，Cを表す複素数をそれぞれα，β，γとする．三角形ABCの重心をGとし，Gを表す複素数をδとすると，
$$\delta = \frac{\alpha+\beta+\gamma}{3}$$
が成り立つことを証明せよ．

▶解答と解説

線分ABの中点をMとし，Mを表す複素数をδ'とすると，$\delta' = \dfrac{\alpha+\beta}{2}$である．

Gは三角形ABCの重心であるから，Gは線分MCを1:2に内分する点である．

したがって，

$$\delta = \frac{2\delta'+1\cdot\gamma}{1+2} = \frac{2\cdot\dfrac{\alpha+\beta}{2}+\gamma}{3} = \frac{\alpha+\beta+\gamma}{3}$$

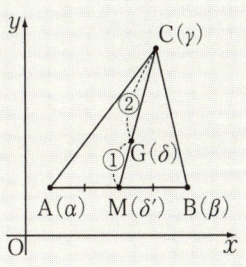

となるので，$\delta = \dfrac{\alpha+\beta+\gamma}{3}$が成り立つ．

例題2

A(α)，B(β)，C(γ)とする．$\dfrac{\gamma-\alpha}{\beta-\alpha} = \dfrac{1}{2} + \dfrac{\sqrt{3}}{2}i$であるとき，三角形ABCはどのような三角形か．

▶解答と解説

$\dfrac{\gamma-\alpha}{\beta-\alpha} = \dfrac{1}{2} + \dfrac{\sqrt{3}}{2}i$より，$\dfrac{\gamma-\alpha}{\beta-\alpha} = \cos\dfrac{\pi}{3} + i\sin\dfrac{\pi}{3}$.

したがって，$\arg\dfrac{\gamma-\alpha}{\beta-\alpha} = \dfrac{\pi}{3}$…①，$\left|\dfrac{\gamma-\alpha}{\beta-\alpha}\right| = 1$…②である．

①より，$\angle \text{BAC} = \dfrac{\pi}{3}$…①′．

②より，$\dfrac{\text{AC}}{\text{AB}} = 1$，すなわち，AB = AC…②′．

①′，②′より，三角形ABCは1辺の長さが1の正三角形である．

2-01

楕円

■ 要点

(i) **楕円の定義**

→ 平面上の異なる2定点 F, F′ に対して，**PF + PF′ が一定となるような点Pの軌跡を楕円**という．また，**点Fと点F′を焦点**という．さらに，図の線分 AA′ を**長軸**，線分 BB′ を**短軸**といい，長軸と短軸の交点を**楕円の中心**という．

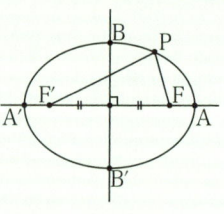

(ii) **楕円の方程式**

→ $a>b>0$ のとき，焦点が $F(\sqrt{a^2-b^2}, 0)$, $F'(-\sqrt{a^2-b^2}, 0)$ で，PF + PF′ = $2a$ を満たす点Pの軌跡として得られる**楕円の方程式**は

$$\frac{x^2}{a^2} + \frac{y^2}{b^2} = 1$$

である．

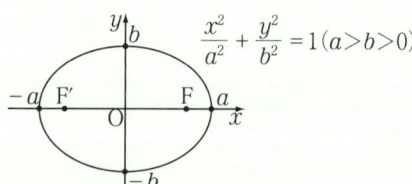

$b>a>0$ のとき，焦点が $F(0, \sqrt{b^2-a^2})$, $F'(0, -\sqrt{b^2-a^2})$ で，PF + PF′ = $2b$ を満たす点Pの軌跡として得られる**楕円の方程式**は

$$\frac{x^2}{a^2} + \frac{y^2}{b^2} = 1$$

である．

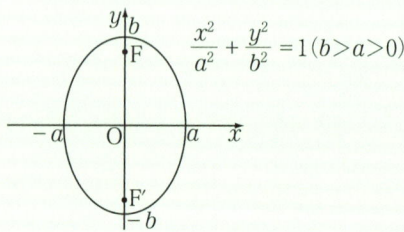

例題

(1) 楕円 $2x^2+3y^2=6$ の焦点の座標,長軸の長さ,短軸の長さを求めよ.

(2) 焦点の座標が $(2,0)$,$(-2,0)$ で,長軸の長さが 6 である楕円を C_1 とする.また,焦点の座標が $(8,3)$,$(4,3)$ で,長軸の長さが 6 である楕円を C_2 とする.C_1 の方程式と C_2 の方程式をそれぞれ求めよ.

▶解答と解説

(1) $2x^2+3y^2=6$ より,$\dfrac{x^2}{3}+\dfrac{y^2}{2}=1$.
焦点の座標は $(\sqrt{3-2},0)$,$(-\sqrt{3-2},0)$,
すなわち,$(1,0)$,$(-1,0)$.
また,長軸の長さは $2\sqrt{3}$,短軸の長さは $2\sqrt{2}$.

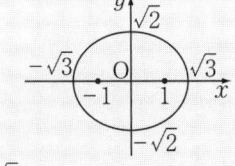

(2) C_1 の焦点の座標は $(2,0)$,$(-2,0)$ なので,C_1 の方程式は $\dfrac{x^2}{a^2}+\dfrac{y^2}{b^2}=1$ (a,b は定数で,$a>b>0$)とおけ,$\sqrt{a^2-b^2}=2$ …① が成り立つ.
また,長軸の長さが 6 であることから,$2a=6$ …② が成り立つ.
①,②,および $a>b>0$ より,$a=3$,$b=\sqrt{5}$.
したがって,C_1 の方程式は $\dfrac{x^2}{9}+\dfrac{y^2}{5}=1$.
また,C_2 は C_1 を x 軸方向に 6,y 軸方向に 3 だけ平行移動したものであるので,C_2 の方程式は $\dfrac{(x-6)^2}{9}+\dfrac{(y-3)^2}{5}=1$. …(補足)

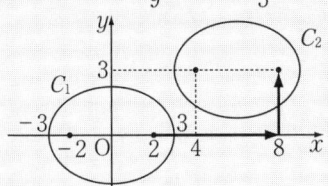

(補足) 2つの焦点が座標軸に平行な直線上にある楕円は,「原点に関して対称な2点を焦点とする楕円を平行移動したもの」と捉えるとよい.

なお,x,y についての式 $f(x,y)$ に対して,曲線 $f(x,y)=0$ を

「x 軸方向に p,y 軸方向に q だけ平行移動」

した曲線の方程式は

$$f(x-p,y-q)=0$$

である.

関連 ➡ 3-01 (注2)

2-02

双曲線

要点

(i) 双曲線の定義

→ 平面上の異なる2定点F, F'に対して，|PF-PF'|が一定となるような点Pの軌跡を**双曲線**という．また，**点Fと点F'を焦点**という．さらに，線分FF'の中点を**双曲線の中心**という．

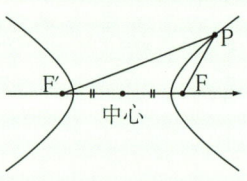

(ii) 双曲線の方程式

→ $a>0$, $b>0$ とする．

焦点が $F(\sqrt{a^2+b^2}, 0)$, $F'(-\sqrt{a^2+b^2}, 0)$ で，$|PF-PF'|=2a$ を満たす点Pの軌跡として得られる**双曲線の方程式は**

$$\frac{x^2}{a^2} - \frac{y^2}{b^2} = 1$$

である．また，**漸近線の方程式は** $y = \dfrac{b}{a}x$, $y = -\dfrac{b}{a}x$ である．

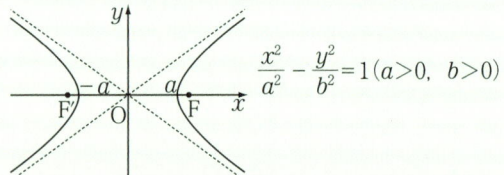

$$\frac{x^2}{a^2} - \frac{y^2}{b^2} = 1 \ (a>0, \ b>0)$$

焦点が $F(0, \sqrt{a^2+b^2})$, $F'(0, -\sqrt{a^2+b^2})$ で，$|PF-PF'|=2b$ を満たす点Pの軌跡として得られる双曲線の方程式は

$$\frac{x^2}{a^2} - \frac{y^2}{b^2} = -1$$

である．また，**漸近線の方程式は** $y = \dfrac{b}{a}x$, $y = -\dfrac{b}{a}x$ である．

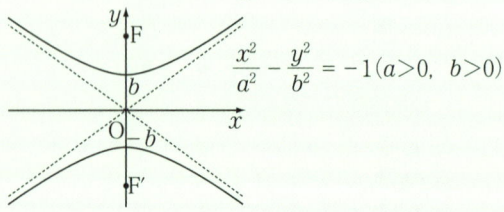

$$\frac{x^2}{a^2} - \frac{y^2}{b^2} = -1 \ (a>0, \ b>0)$$

双曲線

● 例題

(1) 双曲線 $x^2 - \dfrac{y^2}{3} = 1$ の焦点の座標,漸近線の方程式を求めよ.

(2) 曲線 $3x^2 - y^2 - 6x + 4y = 4$ の概形を描け.

▶解答と解説

(1) 焦点の座標は $(\sqrt{1+3}, 0)$, $(-\sqrt{1+3}, 0)$,すなわち,$(2, 0)$, $(-2, 0)$.
漸近線の方程式は $y = \sqrt{3}x$,$y = -\sqrt{3}x$.

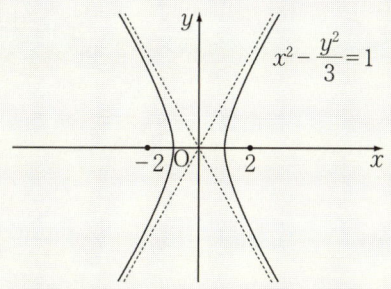

(2) (どのような曲線を平行移動すると曲線 $3x^2 - y^2 - 6x + 4y = 4$ になるかを調べるために) $3x^2 - y^2 - 6x + 4y = 4$ を変形すると,
$$3(x-1)^2 - (y-2)^2 = 3$$
すなわち,
$$(x-1)^2 - \dfrac{(y-2)^2}{3} = 1.$$

よって,曲線 $3x^2 - y^2 - 6x + 4y = 4$ は双曲線 $x^2 - \dfrac{y^2}{3} = 1$ を x 軸方向に 1,y 軸方向に 2 だけ平行移動したものである.

したがって,曲線 $3x^2 - y^2 - 6x + 4y = 4$ の概形は次のようになる.

関連 → **2-01** 例題(補足)

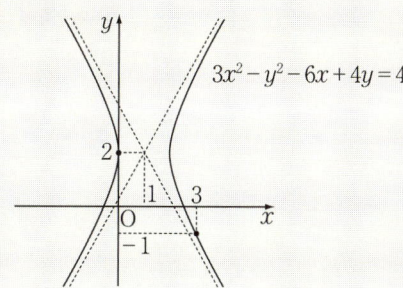

放物線

要点

(i) 放物線の定義

→ 平面上の定点Fと，Fを通らない定直線 ℓ に対して，**点Fと直線 ℓ から等距離にあるPの軌跡を放物線という**．また，**点Fを焦点，直線 ℓ を準線**という．

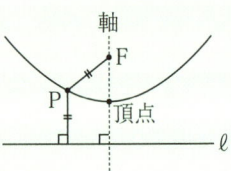

放物線は準線に垂直で焦点を通る直線に関して対称であり，この直線を放物線の軸という．また，軸と放物線の交点を放物線の頂点という．

(ii) 放物線の方程式

→ $p \neq 0$ とする．

焦点が $F(p, 0)$，準線が $\ell : x = -p$ である放物線の方程式は
$$y^2 = 4px$$
である．

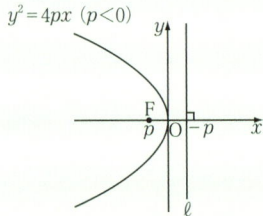
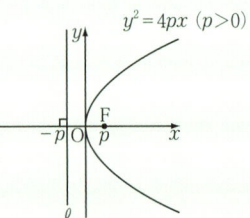

焦点が $F(0, p)$，準線が $\ell : y = -p$ である放物線の方程式は
$$x^2 = 4py$$
である．

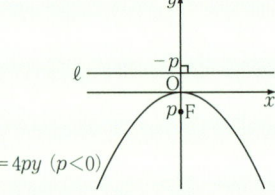
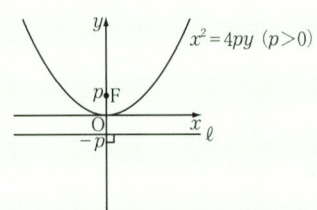

放物線

例題
(1) 放物線 $y^2 = 6x$ の焦点の座標，準線の方程式を求めよ．
(2) 曲線 $y^2 - 6x - 2y + 13 = 0$ の概形を描け．

▶解答と解説

(1) $y^2 = 6x$ より，$y^2 = 4 \cdot \dfrac{3}{2} \cdot x$.

焦点の座標は $\left(\dfrac{3}{2}, 0\right)$，準線の方程式は $x = -\dfrac{3}{2}$.

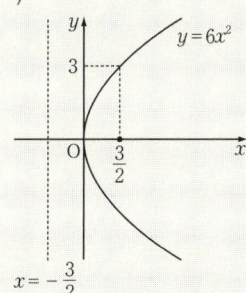

(2) （どのような曲線を平行移動すると曲線 $y^2 - 6x - 2y + 13 = 0$ になるかを調べるために）$y^2 - 6x - 2y + 13 = 0$ を変形すると，
$$(y-1)^2 = 6(x-2).$$

よって，曲線 $y^2 - 6x - 2y + 13 = 0$ は放物線 $y^2 = 6x$ を x 軸方向に 2，y 軸方向に 1 だけ平行移動したものである．

したがって，曲線 $y^2 - 6x - 2y + 13 = 0$ の概形は次のようになる．

関連 ➡ **2-01** 例題（補足）

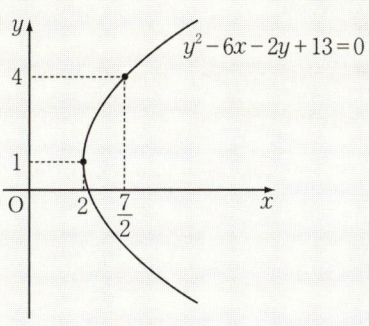

第2章 2次曲線

2-04

楕円・双曲線の接線

■ 要点

(i) 曲線と直線の共有点の個数

→ $f(x, y)$ は x, y についての式を表すものとする.

曲線 $f(x, y) = 0$ と直線 $y = mx + n$ (m, n は定数) の共有点の座標は,
$$\begin{cases} f(x, y) = 0 \\ y = mx + n \end{cases}$$
を満たす実数 x, y の組 (x, y) であるから, 曲線 $f(x, y) = 0$ と直線 $y = mx + n$ の共有点の個数は, x の方程式
$$f(x, mx + n) = 0$$
の異なる実数解の個数に等しい.

関連 → **2-04** 例題

(ii) 楕円・双曲線の接線

→ a, b を $a > 0$, $b > 0$, $a \neq b$ を満たす定数とする.

楕円 $\dfrac{x^2}{a^2} + \dfrac{y^2}{b^2} = 1$ の点 (x_0, y_0) における接線の方程式は

$$\frac{x_0 x}{a^2} + \frac{y_0 y}{b^2} = 1.$$

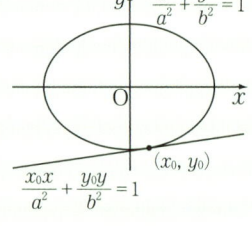

関連 → **2-04** 例題 (補足)

次に, a, b を $a > 0$, $b > 0$ を満たす定数とする.

双曲線 $\dfrac{x^2}{a^2} - \dfrac{y^2}{b^2} = 1$ の点 (x_0, y_0) における接線の方程式は

$$\frac{x_0 x}{a^2} - \frac{y_0 y}{b^2} = 1. \quad \cdots \text{(注)}$$

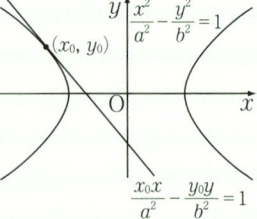

(注) 双曲線 $\dfrac{x^2}{a^2} - \dfrac{y^2}{b^2} = -1$ の点 (x_0, y_0) における接線の方程式は
$$\frac{x_0 x}{a^2} - \frac{y_0 y}{b^2} = -1.$$

楕円・双曲線の接線

例題

楕円 $C: \dfrac{x^2}{6} + \dfrac{y^2}{3} = 1$ 上の点 $(2, 1)$ における接線を ℓ とする．ℓ の方程式を求めよ．

▶解答と解説

ℓ は x 軸に垂直でないから，ℓ の傾きを m (m は定数) とおくことができる．このことと，ℓ が点 $(2, 1)$ を通ることから，ℓ の方程式は

$$y - 1 = m(x - 2)$$

すなわち，

$$y = mx - 2m + 1 \cdots (\ast)$$

と表せる．

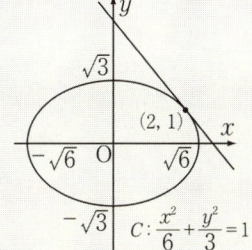

C と ℓ が接することから，C と ℓ の共有点は 1 個であるので，x の方程式

$$\dfrac{x^2}{6} + \dfrac{(mx - 2m + 1)^2}{3} = 1$$

すなわち，

$$(2m^2 + 1)x^2 - (8m^2 - 4m)x + 8m^2 - 8m - 4 = 0 \cdots (\ast)'$$

の実数解は 1 個である．

$2m^2 + 1 \neq 0$ より，$(\ast)'$ は x の 2 次方程式であるから，$(\ast)'$ の判別式を D とすると，

$$D = \{-(8m^2 - 4m)\}^2 - 4(2m^2 + 1)(8m^2 - 8m - 4) = 16(m + 1)^2$$

であるので，$(\ast)'$ の実数解が 1 個であることから，

$$16(m + 1)^2 = 0$$

すなわち，

$$m = -1.$$

このことと $(\ast)$ より，ℓ の方程式は，$y = -x + 3$．

(補足) 公式を利用すると，ℓ の方程式は $\dfrac{2 \cdot x}{6} + \dfrac{1 \cdot y}{3} = 1$ となる．この公式の導出方法としては，例題の ▶解答と解説 の方法や，微分法を利用する方法がある．

関連 ➡ **6-10** 例題 (2)

2-05

曲線の媒介変数表示

■ 要点

x と y がそれぞれ t の関数として
$$\begin{cases} x = f(t) \\ y = g(t) \end{cases} \cdots (*)$$
と表され，t の値により定まる xy 平面上の点 (x, y) の軌跡を C とするとき，**t を媒介変数**(パラメータ)，**(*) を C の媒介変数表示**という．

なお，C の方程式は (*) から t を消去することで得られる．

> **参考** 「媒介変数を消去する」という行為について

媒介変数表示で表される図形において，「媒介変数を消去する」と「図形の方程式が得られる」のはなぜだろうか．媒介変数表示
$$\begin{cases} x = t - 1 & \cdots ① \\ y = t^2 & \cdots ② \end{cases} \cdots (*)'$$
が表す曲線を C とし，これを例に説明してみよう．

まず，この媒介変数表示は，「**t の値を定めることで，C 上の点が定まる**」という関係を表しているものであることを確認しておこう．

(関連)→ **2-05** 例題 (1)

このことから，「xy 平面上の点 (x, y) が C 上にある条件」は，「**(*)' を満たす実数 t が少なくとも一つ存在すること**」，すなわち，「**t の方程式 ①，② が共通解をもつこと**」である．

(関連)→ **2-05** 例題 (2)

t の方程式 ① を解くと $t = x + 1$ となり，これが t の方程式 ② の解となる条件は，$y = (x+1)^2$ が成り立つことである．よって，t の方程式 ①，② が共通解をもつような x，y の条件は，$y = (x+1)^2$ である．

以上のことから，C の方程式は $y = (x+1)^2$ であるとわかる．

(関連)→ **2-05** 例題 (3)

そして，t の方程式 ①，② が共通解をもつような x，y の条件を求める過程が，①，② から t を消去しているように見えるのである．このように，**媒介変数により定まる xy 平面上の点 (x, y) の軌跡や領域は，点 (x, y) を定める媒介変数が少なくとも一つ存在する条件として求めることができる**．

曲線の媒介変数表示

例題

t を媒介変数とし，媒介変数表示
$$\begin{cases} x = t-1 & \cdots ① \\ y = t^2 & \cdots ② \end{cases} \cdots (*)'$$
により定まる xy 平面上の点 (x, y) の軌跡を C とする．

(1) $(*)'$ において，次の t の値により定まる C 上の点を答えよ．
  (i) $t = -1$ (ii) $t = 2$

(2) 次の xy 平面上の点は C 上にあるか否かを答えよ．
  (i) $(-1, 1)$ (ii) $(0, 1)$

(3) C の方程式を求めよ．

(4) $t \leqq 2$ のとき，$(*)'$ により定まる xy 平面上の点 (x, y) の軌跡を求めよ．

▶解答と解説

(1) (i) ①, ② に $t = -1$ を代入すると，$x = -2$, $y = 1$ である．
    したがって，$t = -1$ により定まる C 上の点は $(-2, 1)$．
  (ii) ①, ② に $t = 2$ を代入すると，$x = 1$, $y = 4$ である．
    したがって，$t = 2$ により定まる C 上の点は $(1, 4)$．

(2) (i) ①, ② に $x = -1$, $y = 1$ を代入すると，
    $$\begin{cases} -1 = t-1 & \cdots ①' \\ 1 = t^2 & \cdots ②' \end{cases}$$
    である．①', ②' の共通解は存在しないので，点 $(-1, 1)$ は C 上にない．

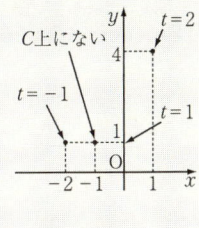

  (ii) ①, ② に $x = 0$, $y = 1$ を代入すると，
    $$\begin{cases} 0 = t-1 & \cdots ①'' \\ 1 = t^2 & \cdots ②'' \end{cases}$$
    となる．①'', ②'' の共通解は $t = 1$ であるから，$t = 1$ により C 上の点 $(0, 1)$ が定まることがわかる．よって，点 $(0, 1)$ は C 上にある．

(3) ① より，$t = x + 1$．
  これを ② に代入して，$y = (x+1)^2$．
  よって，C の方程式は $y = (x+1)^2$．

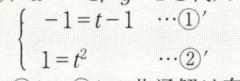

(4) ① より，$t = x + 1$．
  これを ② に代入して，$y = (x+1)^2$．
  また，$t \leqq 2$ より，$x + 1 \leqq 2$，すなわち，$x \leqq 1$．
  よって，求める軌跡は，C の $x \leqq 1$ の部分．

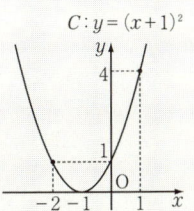

2-06 楕円の媒介変数表示

■ 要点

a, b を $a>0, b>0, a \neq b$ を満たす定数とする.

θ を媒介変数とし,媒介変数表示

$$\begin{cases} x = a\cos\theta \\ y = b\sin\theta \end{cases}$$

によって定まる xy 平面上の点 (x, y) の軌跡は

$$\text{楕円}\ \frac{x^2}{a^2} + \frac{y^2}{b^2} = 1$$

である. …(注)

(注) この媒介変数表示において,$\theta = \alpha$(α は実数の定数)によって定まる楕円上の点と $\theta = \alpha + 2n\pi$(n は整数)によって定まる楕円上の点は一致するので,θ のとる値の範囲を $0 \leq \theta < 2\pi$ とすることが多い.

参考 円と楕円の関係

a, b を $a>0, b>0, a \neq b$ を満たす定数とする.

円 $C_1 : x^2 + y^2 = a^2$ を y 軸方向に $\dfrac{b}{a}$ 倍に拡大した図形を C_2 とする.

C_2 上の点 (x, y) を y 軸方向に $\dfrac{a}{b}$ 倍に拡大した点 $\left(x, \dfrac{a}{b}y\right)$ は C_1 上にあるので,C_2 の方程式は $x^2 + \left(\dfrac{a}{b}y\right)^2 = a^2$,すなわち,$\dfrac{x^2}{a^2} + \dfrac{y^2}{b^2} = 1$ となり,C_2 は楕円であるとわかる.

このことと,C_1 上の点が $(a\cos\theta, a\sin\theta)$ と表せることから,C_2 上の点は $(a\cos\theta, b\sin\theta)$ と表せることがわかる.

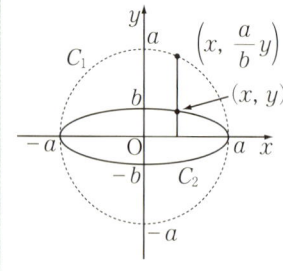
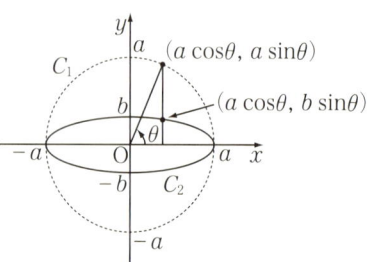

例題

楕円 $\dfrac{x^2}{6}+\dfrac{y^2}{3}=1$ 上の点Pと直線 $x+\sqrt{2}y+4=0$ の距離を d とする．d の最大値と最小値を求めよ．

▶**解答と解説**

Pは楕円 $\dfrac{x^2}{6}+\dfrac{y^2}{3}=1$ 上にあるので，Pの座標は $(\sqrt{6}\cos\theta,\sqrt{3}\sin\theta)$ …(∗)
(θ は $0\leqq\theta<2\pi$ を満たす実数)とおける．よって，

$$d=\dfrac{|\sqrt{6}\cos\theta+\sqrt{2}\cdot(\sqrt{3}\sin\theta)+4|}{\sqrt{1^2+(\sqrt{2})^2}}$$

$$=\dfrac{|\sqrt{6}\sin\theta+\sqrt{6}\cos\theta+4|}{\sqrt{3}}=\dfrac{\left|2\sqrt{3}\sin\left(\theta+\dfrac{\pi}{4}\right)+4\right|}{\sqrt{3}}.$$

ここで，$\sin\left(\theta+\dfrac{\pi}{4}\right)\geqq -1$ であるから，$2\sqrt{3}\sin\left(\theta+\dfrac{\pi}{4}\right)+4\geqq -2\sqrt{3}+4.$
このことと $-2\sqrt{3}+4>0$ より，$2\sqrt{3}\sin\left(\theta+\dfrac{\pi}{4}\right)+4>0$ であるから，

$$d=\dfrac{2\sqrt{3}\sin\left(\theta+\dfrac{\pi}{4}\right)+4}{\sqrt{3}}$$

$$=\dfrac{6\sin\left(\theta+\dfrac{\pi}{4}\right)+4\sqrt{3}}{3}.$$

$0\leqq\theta<2\pi$ より，$\dfrac{\pi}{4}\leqq\theta+\dfrac{\pi}{4}<\dfrac{9}{4}\pi$ であるから，

$\theta+\dfrac{\pi}{4}=\dfrac{\pi}{2}$，すなわち，$\theta=\dfrac{\pi}{4}$ のとき，d は最大値 $\dfrac{6+4\sqrt{3}}{3}$ をとり，

$\theta+\dfrac{\pi}{4}=\dfrac{3}{2}\pi$，すなわち，$\theta=\dfrac{5}{4}\pi$ のとき，d は最小値 $\dfrac{-6+4\sqrt{3}}{3}$ をとる．

したがって，

$$d\text{ の最大値は }\dfrac{6+4\sqrt{3}}{3},\text{ 最小値は }\dfrac{-6+4\sqrt{3}}{3}.$$

2-07 極座標と極方程式

■ 要点

・極座標

→ 平面上に点Oと半直線OXを定める.

平面上のOと異なる点Pに対して, **OP = r, OXから半直線OPへ測った角をθとするとき, 2つの数の組(r, θ)を点Pの極座標という.**

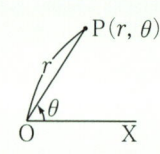

このとき, 定点Oを極, 半直線OXを始線, 角θを偏角という. なお, 偏角は反時計回りを正の向きとする.

また, Oの極座標は, θを任意の実数として, $(0, \theta)$と定める.

・極座標と直交座標

→ xy平面において, 原点を極, x軸の正の部分を始線とする. 点(x, y)の極座標を(r, θ)とすると,
$$x = r\cos\theta, \quad y = r\sin\theta, \quad r^2 = x^2 + y^2.$$

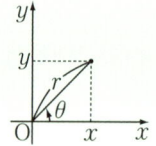

・極方程式

→ **ある図形上のすべての点の極座標(r, θ)のみが満たすrとθの方程式を, その図形の極方程式という.** …(注)

(注) 極方程式においては,「$r<0$のとき, 点(r, θ)は点$(-r, \theta+\pi)$と一致する」と定める. 例えば, 点$\left(-2, \dfrac{\pi}{3}\right)$は点$\left(2, \dfrac{\pi}{3}+\pi\right)$を表している. これに基づき, 極方程式では$r<0$となる点も扱う.

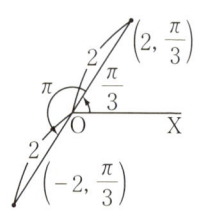

なお, 極方程式の例としては,

極を中心とする半径aの円→$r = a$.

極を通り, 始線となす角がαである直線→$\theta = \alpha$.

極と点$(k, 0)$が直径の両端である円→$r = k\cos\theta$ (kは正の定数)

などがある.

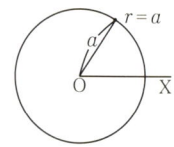
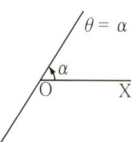
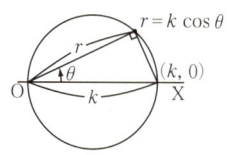

極座標と極方程式

例題1

(1) xy 平面上の点 $(1, \sqrt{3})$ を極座標で表せ．ただし，原点を極，x 軸の正の部分を始線とする．

(2) xy 平面において，原点を極，x 軸の正の部分を始線とするとき，極座標が $\left(\sqrt{2}, \dfrac{\pi}{4}\right)$ である点を直交座標で表せ．

(3) xy 平面において，直線 $x+y=\sqrt{2}$ がある．この直線の極方程式を求めよ．ただし，原点を極，x 軸の正の部分を始線とする．

▶解答と解説

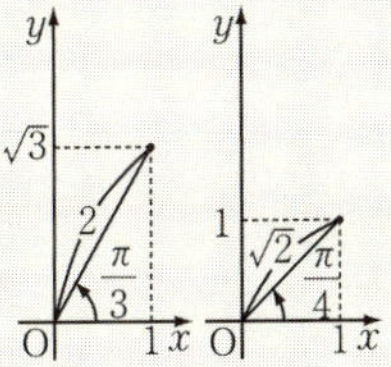

(1) xy 平面上の点 $(1, \sqrt{3})$ を極座標で表すと，
$$\left(2, \dfrac{\pi}{3}\right).$$

(2) 極座標が $\left(\sqrt{2}, \dfrac{\pi}{4}\right)$ である点を直交座標で表すと，
$$(1, 1). \quad \cdots (補足)$$

(3) $x = r\cos\theta$, $y = r\sin\theta$ より，直線 $x+y=\sqrt{2}$ の極方程式は，
$$r\cos\theta + r\sin\theta = \sqrt{2},$$
すなわち，
$$r(\cos\theta + \sin\theta) = \sqrt{2}.$$

(補足) xy 平面上における点の x 座標と y 座標の組のことを直交座標という．

例題2

極座標で $\left(2, \dfrac{\pi}{4}\right)$ と表される点 A を通り，OA に垂直な直線を ℓ とする．ℓ の極方程式を求めよ．

▶解答と解説

点 $\mathrm{P}(r, \theta)$ が ℓ 上にある条件は，
$$r\cos\left(\theta - \dfrac{\pi}{4}\right) = 2$$
が成り立つことであるから，ℓ の極方程式は，
$$r\cos\left(\theta - \dfrac{\pi}{4}\right) = 2.$$

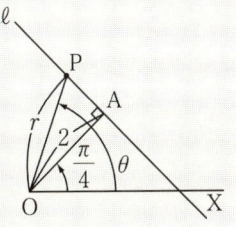

2-08

離心率

■要点

平面上の定点Fと，Fを通らない定直線ℓがある．eを定数とし，ℓ上にない点Pからℓに下ろした垂線とℓの交点をHとするとき，

$$\frac{\mathrm{FP}}{\mathrm{HP}} = e$$

を満たす点Pの軌跡は，

$0 < e < 1$ ならば楕円，$e = 1$ ならば放物線，$e > 1$ ならば双曲線

となることがわかる．なお，点Fを焦点，直線ℓを準線，eを離心率という．

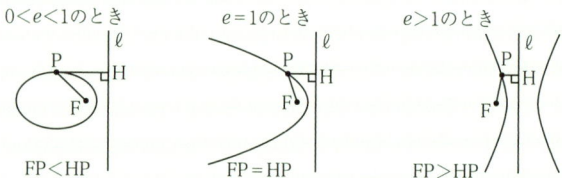

ここで，点Fと直線ℓの距離をkとし，点Fを極，直線ℓと直交する半直線FXを始線とするとき，点Pの軌跡の極方程式は次のようにして得られる．

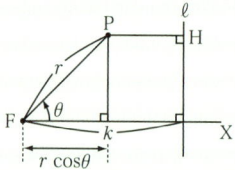

$\dfrac{\mathrm{FP}}{\mathrm{HP}} = e$ より，$\mathrm{FP} = e\mathrm{HP}$．よって，$\mathrm{FP} = r$ とすると，$r = e|k - r\cos\theta|$．
したがって，「$r = e(k - r\cos\theta)$　または　$r = -e(k - r\cos\theta)$」．
すなわち，$r = \dfrac{ek}{1 + e\cos\theta}$ …（ア）　または　$r = \dfrac{-ek}{1 - e\cos\theta}$ …（イ）．

rがすべての実数値をとるとき，（ア）の表す図形上の点(r, θ)と（イ）の表す図形上の点$(-r, \theta + \pi)$は一致し，（イ）の表す図形上の点(r, θ)と（ア）の表す図形上の点$(-r, \theta + \pi)$は一致するので，（ア）と（イ）の表す図形は一致する．

以上のことから，点Pの軌跡の極方程式は$r = \dfrac{ek}{1 + e\cos\theta}$となる．

例題

e を正の定数とする．xy 平面において，原点を極，x 軸の正の部分を始線とするとき，極方程式
$$r = \frac{e}{1 + e\cos\theta} \cdots (*)$$
で表される曲線を C とする．

(1) $e = 2$ のとき，C の直交座標に関する方程式を求めよ．
(2) $e = \dfrac{1}{2}$ のとき，C の直交座標に関する方程式を求めよ．

▶解答と解説

(1) $e = 2$ より，$(*)$ は $r = \dfrac{2}{1 + 2\cos\theta}$ となる．

これより，$r(1 + 2\cos\theta) = 2$，すなわち，$r = 2 - 2r\cos\theta$．

$x = r\cos\theta,\ r^2 = x^2 + y^2$ より，$(2 - 2x)^2 = x^2 + y^2$．

これを整理して，$e = 2$ のとき，C の直交座標に関する方程式は，
$$3x^2 - y^2 - 8x + 4 = 0.$$

(2) $e = \dfrac{1}{2}$ より，$(*)$ は $r = \dfrac{\dfrac{1}{2}}{1 + \dfrac{1}{2}\cos\theta}$，すなわち，$r = \dfrac{1}{2 + \cos\theta}$ となる．

これより，$r(2 + \cos\theta) = 1$，すなわち，$r = \dfrac{1 - r\cos\theta}{2}$．

$x = r\cos\theta,\ r^2 = x^2 + y^2$ より，$\left(\dfrac{1 - x}{2}\right)^2 = x^2 + y^2$．

これを整理して，$e = \dfrac{1}{2}$ のとき，C の直交座標に関する方程式は，
$$3x^2 + 4y^2 + 2x - 1 = 0.$$

(補足) (1)，(2)はともに，「$(*)$ かつ $x = r\cos\theta$ かつ $y = r\sin\theta$」を満たす実数 $r,\ \theta$ の組 (r, θ) が少なくとも一つ存在するような実数 $x,\ y$ の条件を求めている．

関連 → 2-05 参考

(1)の結果を整理すると $\dfrac{9}{4}\left(x - \dfrac{4}{3}\right)^2 - \dfrac{3}{4}y^2 = 1$，(2)の結果を整理すると $\dfrac{9}{4}\left(x + \dfrac{1}{3}\right)^2 + 3y^2 = 1$ となるから，$e = 2$ のとき C は双曲線，$e = \dfrac{1}{2}$ のとき C は楕円であることがわかる．

3-01 分数関数

■ 要点

(i) $y = \dfrac{k}{x}$ (k は 0 ではない定数) のグラフ

→ x 軸, y 軸を漸近線とする双曲線. …(注1)

(ii) $y - q = \dfrac{k}{x - p}$ (k は 0 でない定数, p, q は定数) のグラフ

→ $y = \dfrac{k}{x}$ のグラフを x 軸方向に p, y 軸方向に q だけ平行移動したもの. …(注2)

(iii) $y = \dfrac{ax + b}{cx + d}$ (a, b, c, d は定数) のグラフは次の手順で描けることが多い.

① 右辺に現れる分数式が (分子の次数) < (分母の次数) を満たすものだけになるように変形する. …(注3)

② ①の変形を経て $y - q = \dfrac{k}{x - p}$ (k は 0 ではない定数, p, q は定数) の形で両辺を表す. → そうすれば (ii) により, グラフが描ける.

(注1) $y = \dfrac{k}{x}$ (k は 0 でない定数) のグラフの概形は次のようになる.

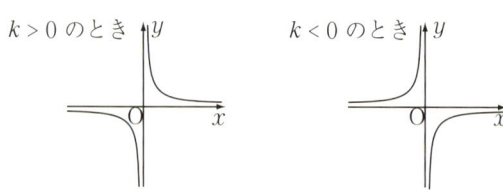

(注2) 一般に, $y = f(x)$ のグラフを

「x 軸方向に p, y 軸方向に q だけ平行移動」

したグラフの方程式は

$$y - q = f(x - p)$$

($y = f(x)$ において, x を $x - p$ に, y を $y - q$ に変えたもの) である.

(注3) (iii) の①は**分数式の分子を分母で割る**とスムーズに行える.

分数関数

例題

次の関数のグラフを描け．

(1) $y = \dfrac{4}{x}$ (2) $y = \dfrac{4}{x-2}$ (3) $y - 3 = \dfrac{4}{x-2}$ (4) $y = \dfrac{3x-2}{x-2}$

▶解答と解説

(1) $y = \dfrac{4}{x}$ のグラフは(図1)のようになる．漸近線は x 軸, y 軸である．

(2) $y = \dfrac{4}{x-2}$ のグラフは, $y = \dfrac{4}{x}$ のグラフを x 軸方向に2だけ平行移動したものであるので, (図2)のようになる．漸近線は直線 $x=2$, y 軸である．

(3) $y - 3 = \dfrac{4}{x-2}$ のグラフは, $y = \dfrac{4}{x}$ のグラフを x 軸方向に2, y 軸方向に3だけ平行移動したものであるので, (図3)のようになる．漸近線は直線 $x=2$, 直線 $y=3$ である．

(4) $3x-2$ を $x-2$ で割ると, 商が3, 余りが4であることから,
$$3x-2 = 3(x-2) + 4$$
と変形できることがわかる．

したがって,
$$\dfrac{3x-2}{x-2} = \dfrac{3(x-2)+4}{x-2} = \dfrac{3(x-2)}{x-2} + \dfrac{4}{x-2} = 3 + \dfrac{4}{x-2}$$

と変形できるので, $y = \dfrac{3x-2}{x-2}$ を変形すると,
$$y = 3 + \dfrac{4}{x-2}$$

すなわち,
$$y - 3 = \dfrac{4}{x-2}$$

となる．

ゆえに, $y = \dfrac{3x-2}{x-2}$ のグラフは(図3)のようになる．

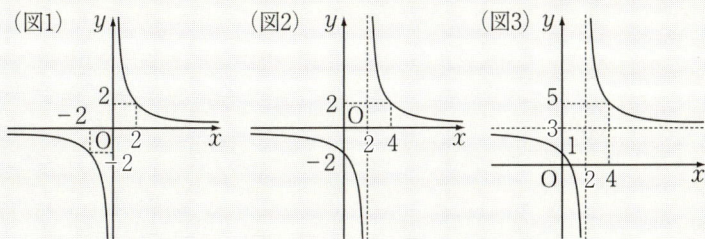

3-02

無理関数

■ 要点

k を正の定数とする．このとき，以下の4つのグラフを平行移動や拡大・縮小させることで，さまざまな無理関数のグラフが描ける．…(注)

(関連) → 3-01 (注2)

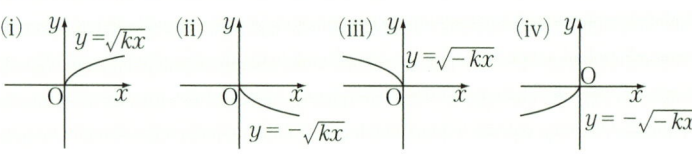

(注) 一般に，$y=f(x)$ のグラフと，

> x 軸に関して対称であるグラフの方程式 → $y=-f(x)$,
> y 軸に関して対称であるグラフの方程式 → $y=f(-x)$,
> 原点に関して対称であるグラフの方程式 → $y=-f(-x)$

であるので，(i)のグラフと，

> (ii)のグラフは x 軸に関して対称,
> (iii)のグラフは y 軸に関して対称,
> (iv)のグラフは原点に関して対称

である．

--- 参考 $y=\sqrt{kx}$ (k は正の定数)のグラフと放物線の関係 ---

k を正の定数とする．$x \geqq 0$ かつ $y \geqq 0$ のとき，$y^2=kx$ を y について解くと，

$$y=\sqrt{kx}$$

であるから，$y=\sqrt{kx}$ のグラフは「放物線 $y^2=kx$ の $y \geqq 0$ の部分」である．

(関連) → 2-03

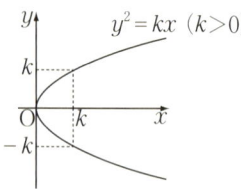 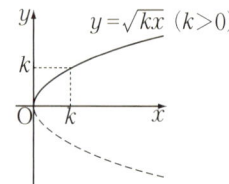

例題

次の関数のグラフを描け．

(1) $y=\sqrt{2x}$ (2) $y=-\sqrt{2x}$ (3) $y=\sqrt{-2x}$ (4) $y=-\sqrt{-2x}$

(5) $y-2=\sqrt{2(x-1)}$ (6) $y=\sqrt{2x-2}+2$ (7) $y=2\sqrt{2x}$

▶解答と解説

(1) $y=\sqrt{2x}$ のグラフは(図1)の「$x\geqq 0$ かつ $y\geqq 0$」の部分．

(2) $y=-\sqrt{2x}$ のグラフは(図1)の「$x\geqq 0$ かつ $y\leqq 0$」の部分．

(3) $y=\sqrt{-2x}$ のグラフは(図1)の「$x\leqq 0$ かつ $y\geqq 0$」の部分．

(4) $y=-\sqrt{-2x}$ のグラフは(図1)の「$x\leqq 0$ かつ $y\leqq 0$」の部分．

(5) $y-2=\sqrt{2(x-1)}$ のグラフは，$y=\sqrt{2x}$ のグラフを x 軸方向に1，y 軸方向に2だけ平行移動したものであるから，(図2)のようになる．

(6) （どのような関数のグラフを平行移動すると $y=\sqrt{2x-2}+2$ のグラフになるかを調べるために）$y=\sqrt{2x-2}+2$ を変形すると，
$$y-2=\sqrt{2(x-1)}$$
となるので，$y=\sqrt{2x-2}+2$ のグラフは，$y=\sqrt{2x}$ のグラフを x 軸方向に1，y 軸方向に2だけ平行移動したものであるから，(図2)のようになる．

(7) $y=2\sqrt{2x}$ のグラフは，$y=\sqrt{2x}$ のグラフを y 軸方向に2倍だけ拡大したものであるから，(図3)のようになる． …**(補足)**

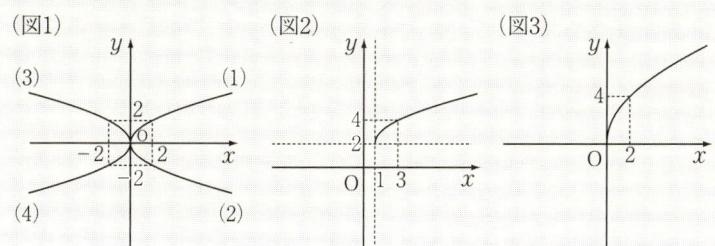

(図1) (図2) (図3)

(補足) A を正の定数とする．**一般に，$y=f(x)$ のグラフを「y 軸方向に A 倍だけ拡大」したグラフの方程式は「$y=Af(x)$」である．**

なお，例題の(7)は $y=2\sqrt{2x}$ を $y=\sqrt{8x}$ と変形してグラフの概形を把握することもできる．

3-03 逆関数

要点

関数 $y=f(x)$ が逆関数をもつとき,その逆関数は次の手順で求められる.

① $y=f(x)$ を x について解き,$x=(y の式)$ と変形する.
② ①の「$x=(y の式)$」の右辺を $g(y)$ と表すことにする.

$x=g(y)$ の x と y を入れ替えて得られる関数 $y=g(x)$ …(∗)

が,関数 $y=f(x)$ の逆関数である.

なお,(∗)の右辺の $g(x)$ を $f^{-1}(x)$ と表すこともあり,**関数 $y=f(x)$ の定義域は逆関数 $y=f^{-1}(x)$ の値域となり,関数 $y=f(x)$ の値域は逆関数 $y=f^{-1}(x)$ の定義域になる**.

参考 逆関数とは「定めるもの」と「定まるもの」を入れ替えたもの

そもそも,「y が x の関数である」とは「x の値を一つ定めたとき,それに応じて y の値が<u>ただ一つ定まる</u>」という対応であった.

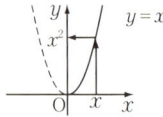 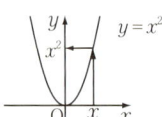

ここで,y が x の関数であるときに,**y の値を**(値域に属する値の中から)**一つ定めたら,それに応じて x の値がいくつ定まるのか**を考えてみる.

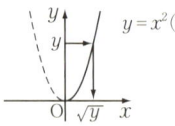 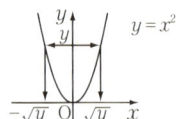

すると,$y=x^2 (x \geq 0)$ のように x の値が<u>ただ一つ定まるもの</u>もあれば,$y=x^2$ のように,そうでないものもある.

したがって,$y=x^2 (x \geq 0)$ については,「**x は y の関数である**」といえ,この対応を**逆関数**という.一方,$y=x^2$ に逆関数は定義されない.

このように,逆関数をもつような関数は限られており,**関数 $y=f(x)$ が逆関数をもつ条件は,「y の値を**(値域に属する値の中から)**一つ定めたとき,それに応じて x の値がただ一つ定まること」**である.

例題

次の関数の逆関数を求めよ．
(1) $y = x^2 \ (x \geq 0)$ (2) $y = 2^x$ (3) $y = 3x + 1$

▶解答と解説

(1) $x \geq 0$ より，$y = x^2$ を x について解くと，$x = \sqrt{y}$ である．
   したがって，$y = x^2 \ (x \geq 0)$ の逆関数は $y = \sqrt{x}$ である．

(2) $y = 2^x$ を x について解くと，$x = \log_2 y$ である．
   したがって，$y = 2^x$ の逆関数は $y = \log_2 x$ である．

(3) $y = 3x + 1$ を x について解くと，$x = \dfrac{1}{3}y - \dfrac{1}{3}$ である．
   したがって，$y = 3x + 1$ の逆関数は $y = \dfrac{1}{3}x - \dfrac{1}{3}$ である．

(補足) xy 平面において，**点 (X, Y) と点 (Y, X) は直線 $y = x$ に関して対称である**．

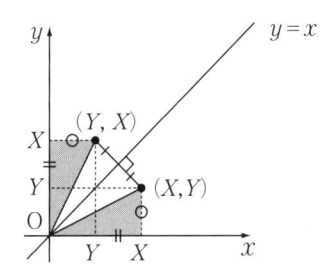

このことから，関数 $y = f(x)$ が逆関数をもつとき，**$y = f(x)$ のグラフと逆関数 $y = f^{-1}(x)$ のグラフは直線 $y = x$ に関して対称である**ことがわかる．

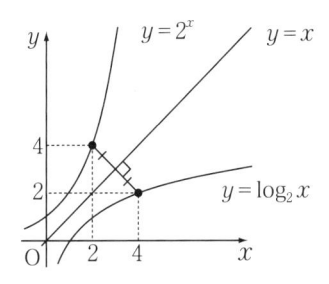

3-04 合成関数

■ 要点

関数 $y=f(x)$ の値域は関数 $y=g(x)$ の定義域に含まれているとする．

このとき，$y=g(f(x))$ を f と g の合成関数といい，この式の右辺を $g \circ f(x)$，あるいは $(g \circ f)(x)$ と表す．

すなわち，

$$g \circ f(x) = g(f(x))$$

である．

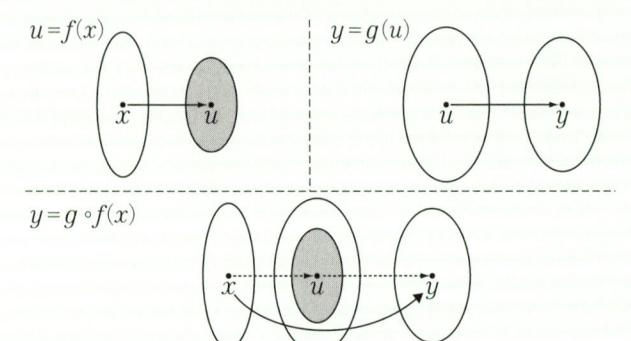

合成関数

例題1

$f(x)$, $g(x)$ が次のように与えられたとき,$g \circ f(x)$ と $f \circ g(x)$ を求めよ.
(1) $f(x) = 2x+3$, $g(x) = x^3$ 　　(2) $f(x) = 3x$, $g(x) = \sin x$
(3) $f(x) = 2^x$, $g(x) = \log_2 x$

▶解答と解説

(1) $g \circ f(x) = g(f(x)) = \{f(x)\}^3 = (2x+3)^3$.
$f \circ g(x) = f(g(x)) = 2g(x) + 3 = 2x^3 + 3$.

(2) $g \circ f(x) = g(f(x)) = \sin f(x) = \sin 3x$.
$f \circ g(x) = f(g(x)) = 3g(x) = 3\sin x$.

(3) $g \circ f(x) = g(f(x)) = \log_2 f(x) = \log_2 2^x = x$.
$f \circ g(x) = f(g(x)) = 2^{g(x)} = 2^{\log_2 x} = x$.

(補足)　(1),(2)のように,**一般に,$g \circ f(x) = f \circ g(x)$ は成り立たない**.

また,(3)のように,$g(x) = f^{-1}(x)$ であるとき,$g \circ f(x) = x$,
$f \circ g(x) = x$ が成り立つ.

すなわち,関数 $y = f(x)$ が逆関数をもつとき,

$$f^{-1} \circ f(x) = x, \ f \circ f^{-1}(x) = x$$

が成り立つ.

関連 ➡ **3-03** 例題(2)

例題2

$f(x) = 2x+3$, $g(x) = x^3$, $h(x) = \cos x$ とする.$h \circ (g \circ f)(x)$ と $(h \circ g) \circ f(x)$ を求めよ.

▶解答と解説

$h \circ (g \circ f)(x) = h(g \circ f(x)) = h(g(f(x))) = h((2x+3)^3) = \cos(2x+3)^3$.
$(h \circ g) \circ f(x) = h \circ g(f(x)) = h(g(f(x))) = h((2x+3)^3) = \cos(2x+3)^3$.

(補足)　**一般に,$h \circ (g \circ f)(x) = (h \circ g) \circ f(x)$ が成り立つ**.

このことから,$h \circ (g \circ f)(x)$ と $(h \circ g) \circ f(x)$ を $h \circ g \circ f(x)$ と表すこともある.

4-01 収束する数列の性質

■ 要点

数列 $\{a_n\}$ において,n を限りなく大きくするとき,a_n がある一定の値 α に限りなく近づくならば,$\{a_n\}$ は**収束する**という.このことを

$$\lim_{n \to \infty} a_n = \alpha \quad \text{あるいは} \quad \lceil n \to \infty \text{のとき } a_n \to \alpha \rfloor$$

などと表す.また,α を $\{a_n\}$ の**極限値**という.…(注1)

例えば,

(i) $\displaystyle\lim_{n \to \infty} \frac{1}{n} = 0$,

(ii) $\displaystyle\lim_{n \to \infty} k = k$($k$ は n によらない定数)

が成り立つ.

さらに,$\displaystyle\lim_{n \to \infty} a_n = \alpha$,$\displaystyle\lim_{n \to \infty} b_n = \beta$ のとき,

(iii) $\displaystyle\lim_{n \to \infty} (a_n \pm b_n) = \alpha \pm \beta$(複号同順),

(iv) $\displaystyle\lim_{n \to \infty} a_n b_n = \alpha \beta$,

(v) $\beta \neq 0$ ならば $\displaystyle\lim_{n \to \infty} \frac{a_n}{b_n} = \frac{\alpha}{\beta}$,

(vi) $\displaystyle\lim_{n \to \infty} \sqrt{a_n} = \sqrt{\alpha}$

が成り立つ.…(注2)

(注1) $\{a_n\}$ が収束し,かつ,その極限値が α であることを,「$\{a_n\}$ は α に収束する」ということが多い.

(注2) 大雑把にいうと,(iii)から(v)までの性質は「**収束する数列同士の和・差・積・分数は,それぞれの極限値の和・差・積・分数に収束する**」ということを主張している.

参考 (vi)の性質に関連すること

$\displaystyle\lim_{n \to \infty} a_n = \alpha$ であり,関数 $f(x)$ が $x = \alpha$ で連続であるとき,

$$\lim_{n \to \infty} f(a_n) = f(\alpha)$$

が成り立つ.

関連 → 5-10

例題

次の極限を求めよ.

(1) $\displaystyle\lim_{n\to\infty}\frac{4}{n}$

(2) $\displaystyle\lim_{n\to\infty}\frac{5}{n^2}$

(3) $\displaystyle\lim_{n\to\infty}\left(-\frac{4}{n}+\frac{5}{n^2}\right)$

(4) $\displaystyle\lim_{n\to\infty}\left(1+\frac{1}{n}+\frac{1}{n^2}\right)$

(5) $\displaystyle\lim_{n\to\infty}\frac{3-\dfrac{4}{n}+\dfrac{5}{n^2}}{1+\dfrac{1}{n}+\dfrac{1}{n^2}}$

(6) $\displaystyle\lim_{n\to\infty}\frac{-\dfrac{4}{n}+\dfrac{5}{n^2}}{1+\dfrac{1}{n}+\dfrac{1}{n^2}}$

(7) $\displaystyle\lim_{n\to\infty}\sqrt{1+\frac{1}{n}+\frac{1}{n^2}}$

▶解答と解説

(1) $\displaystyle\lim_{n\to\infty}\frac{4}{n}=0$.

(2) $\displaystyle\lim_{n\to\infty}\frac{5}{n^2}=0$.

(3) $\displaystyle\lim_{n\to\infty}\frac{4}{n}=0$, $\displaystyle\lim_{n\to\infty}\frac{5}{n^2}=0$ より, $\displaystyle\lim_{n\to\infty}\left(-\frac{4}{n}+\frac{5}{n^2}\right)=-0+0=0$.

(4) $\displaystyle\lim_{n\to\infty}\frac{1}{n}=0$, $\displaystyle\lim_{n\to\infty}\frac{1}{n^2}=0$ より, $\displaystyle\lim_{n\to\infty}\left(1+\frac{1}{n}+\frac{1}{n^2}\right)=1+0+0=1$.

(5) (3), (4) より, $\displaystyle\lim_{n\to\infty}\frac{3-\dfrac{4}{n}+\dfrac{5}{n^2}}{1+\dfrac{1}{n}+\dfrac{1}{n^2}}=\frac{3+0}{1}=3$.

(6) (3), (4) より, $\displaystyle\lim_{n\to\infty}\frac{-\dfrac{4}{n}+\dfrac{5}{n^2}}{1+\dfrac{1}{n}+\dfrac{1}{n^2}}=\frac{0}{1}=0$.

(7) (4) より, $\displaystyle\lim_{n\to\infty}\sqrt{1+\frac{1}{n}+\frac{1}{n^2}}=\sqrt{1}=1$.

(補足) (1)は $\displaystyle\lim_{n\to\infty}\frac{4}{n}=\lim_{n\to\infty}\left(4\cdot\frac{1}{n}\right)=4\cdot 0$ と考えるとよい.

また, (2)は $\displaystyle\lim_{n\to\infty}\frac{5}{n^2}=\lim_{n\to\infty}\left(5\cdot\frac{1}{n}\cdot\frac{1}{n}\right)=5\cdot 0\cdot 0$ と考えるとよい.

4-02

無限大に発散する数列の性質

■ 要点

数列 $\{a_n\}$ において,$\{a_n\}$ が収束しないことを,$\{a_n\}$ は発散するという.

- n を限りなく大きくするとき,a_n が限りなく大きくなるならば,$\{a_n\}$ は正の無限大に発散するという.このことを

$$\lim_{n\to\infty} a_n = \infty \quad \text{あるいは} \quad \lceil n\to\infty \text{のとき } a_n \to \infty \rfloor$$

などと表す.

例えば,$\displaystyle\lim_{n\to\infty} \log_2 n = \infty$,$\displaystyle\lim_{n\to\infty} \sqrt{n} = \infty$ が成り立つ.

- n を限りなく大きくするとき,a_n が限りなく小さくなるならば,$\{a_n\}$ は負の無限大に発散するという.このことを

$$\lim_{n\to\infty} a_n = -\infty \quad \text{あるいは} \quad \lceil n\to\infty \text{のとき } a_n \to -\infty \rfloor$$

などと表す.

さらに,次のことが成り立つ.…(注)

(i) $\displaystyle\lim_{n\to\infty} a_n = \infty$ のとき,

$$\lim_{n\to\infty}(-a_n) = -\infty, \quad \lim_{n\to\infty} \frac{1}{a_n} = 0.$$

(ii) $\displaystyle\lim_{n\to\infty} a_n = \infty$,$\displaystyle\lim_{n\to\infty} b_n = \beta$($\beta$ は**定数**)のとき,

$$\lim_{n\to\infty}(a_n + b_n) = \infty.$$

(iii) $\displaystyle\lim_{n\to\infty} a_n = \infty$,$\displaystyle\lim_{n\to\infty} b_n = \beta$($\beta$ は**正の定数**)のとき,

$$\lim_{n\to\infty} a_n b_n = \infty.$$

(iv) $\displaystyle\lim_{n\to\infty} a_n = \infty$,$\displaystyle\lim_{n\to\infty} b_n = \infty$ のとき,

$$\lim_{n\to\infty}(a_n + b_n) = \infty, \quad \lim_{n\to\infty} a_n b_n = \infty.$$

(注) 便宜上,(i) の「$\displaystyle\lim_{n\to\infty} a_n = \infty$ のとき,$\displaystyle\lim_{n\to\infty} \frac{1}{a_n} = 0$」という性質は $\dfrac{1}{\infty} = 0$,(ii) の性質は $\infty + (\text{実数}) = \infty$,(iii) の性質は $\infty \times (\text{正の数}) = \infty$,(iv) の性質は $\infty + \infty = \infty$,$\infty \times \infty = \infty$ のように書かれることがある.

> **参考** 正の無限大に発散する例
>
> $\displaystyle\lim_{n\to\infty} a_n = \infty$ のとき,$\displaystyle\lim_{n\to\infty} \log_k a_n = \infty$($k$ は n によらない定数で,$k>1$),$\displaystyle\lim_{n\to\infty} r^{a_n} = \infty$($r$ は n によらない定数で,$r>1$),$\displaystyle\lim_{n\to\infty} a_n{}^s = \infty$($s$ は n によらない正の定数)が成り立つ.

例題

次の極限を求めよ.

(1) $\lim_{n\to\infty} n^3\left(1-\dfrac{2}{n}\right)$

(2) $\lim_{n\to\infty} n\left(1-\dfrac{1}{\sqrt{n}}\right)$

(3) $\lim_{n\to\infty} \dfrac{3n-4+\dfrac{5}{n}}{1+\dfrac{1}{n}}$

(4) $\lim_{n\to\infty} \dfrac{2}{\sqrt{n+2}+\sqrt{n}}$

(5) $\lim_{n\to\infty} \log_2 n^3\left(1-\dfrac{2}{n}\right)$

(6) $\lim_{n\to\infty} 2^{n^3\left(1-\frac{2}{n}\right)}$

(7) $\lim_{n\to\infty} \sqrt[3]{n^3\left(1-\dfrac{2}{n}\right)}$

▶解答と解説

(1) $\lim_{n\to\infty} n^3 = \infty$, $\lim_{n\to\infty}\left(1-\dfrac{2}{n}\right)=1$ より, $\lim_{n\to\infty} n^3\left(1-\dfrac{2}{n}\right)=\infty$.

(2) $\lim_{n\to\infty} n = \infty$, $\lim_{n\to\infty}\left(1-\dfrac{1}{\sqrt{n}}\right)=1$ より, $\lim_{n\to\infty} n\left(1-\dfrac{1}{\sqrt{n}}\right)=\infty$.

(3) $\lim_{n\to\infty} 3n = \infty$, $\lim_{n\to\infty} \dfrac{5}{n}=0$ より, $\lim_{n\to\infty}\left(3n-4+\dfrac{5}{n}\right)=\infty$.

また, $\lim_{n\to\infty}\left(1+\dfrac{1}{n}\right)=1$.

ゆえに, $\lim_{n\to\infty} \dfrac{3n-4+\dfrac{5}{n}}{1+\dfrac{1}{n}} = \infty$.

(4) $\lim_{n\to\infty}\sqrt{n+2}=\infty$, $\lim_{n\to\infty}\sqrt{n}=\infty$ より, $\lim_{n\to\infty}(\sqrt{n+2}+\sqrt{n})=\infty$.

ゆえに, $\lim_{n\to\infty} \dfrac{2}{\sqrt{n+2}+\sqrt{n}}=0$.

(5) (1)より, $\lim_{n\to\infty} \log_2 n^3\left(1-\dfrac{2}{n}\right)=\infty$.

(6) (1)より, $\lim_{n\to\infty} 2^{n^3\left(1-\frac{2}{n}\right)}=\infty$.

(7) (1)より, $\lim_{n\to\infty} \sqrt[3]{n^3\left(1-\dfrac{2}{n}\right)}=\lim_{n\to\infty}\left\{n^3\left(1-\dfrac{2}{n}\right)\right\}^{\frac{1}{3}}=\infty$.

4-03 数列の極限の計算

要点

$\lim_{n \to \infty} a_n = \infty$, $\lim_{n \to \infty} b_n = \infty$ のとき, $\left\{\dfrac{a_n}{b_n}\right\}$, $\{a_n - b_n\}$ の収束や発散は, 次のような適切な式変形によって, わかることが多い. …(注)

(i) **最高次の項でくくる**.

(ii) **分数式は分母の最高次の項で, 分母と分子を割る**.

(iii) (i), (ii)の方法で収束や発散がわからない式で, 根号が含まれるものは, **分子や分母を有理化する**.

なお, (i)から(iii)までの式変形は, いずれも, 収束する項を作り出すことを目的としたものである.

(注) $\lim_{n \to \infty} a_n = \infty$, $\lim_{n \to \infty} b_n = \infty$ のとき, $\left\{\dfrac{a_n}{b_n}\right\}$, $\{a_n - b_n\}$ の収束や発散は $\{a_n\}$, $\{b_n\}$ によって異なる.

このことを, $\dfrac{\infty}{\infty}$, $\infty - \infty$ **は不定形である**と表現することもある.

また, $\lim_{n \to \infty} a_n = 0$, $\lim_{n \to \infty} b_n = \infty$ のとき, $\{a_n b_n\}$ の収束や発散は $\{a_n\}$, $\{b_n\}$ によって異なる.

このことを, **$0 \cdot \infty$ は不定形である**と表現することもある. このときも, (i)から(iii)までの式変形によって, 収束や発散がわかることが多い.

数列の極限の計算

○ 例題

次の極限を求めよ．

(1) $\lim_{n \to \infty} (n^3 - 2n^2)$

(2) $\lim_{n \to \infty} (n - \sqrt{n})$

(3) $\lim_{n \to \infty} \dfrac{3n^2 - 4n + 5}{n+1}$

(4) $\lim_{n \to \infty} \dfrac{3n^2 - 4n + 5}{n^2 + n + 1}$

(5) $\lim_{n \to \infty} \dfrac{-4n + 5}{n^2 + n + 1}$

(6) $\lim_{n \to \infty} (\sqrt{n+2} - \sqrt{n})$

▶解答と解説

(1) $\lim_{n \to \infty} (n^3 - 2n^2) = \lim_{n \to \infty} n^3 \left(1 - \dfrac{2}{n}\right) = \infty.$

(2) $\lim_{n \to \infty} (n - \sqrt{n}) = \lim_{n \to \infty} n\left(1 - \dfrac{1}{\sqrt{n}}\right) = \infty.$

(3) $\lim_{n \to \infty} \dfrac{3n^2 - 4n + 5}{n+1} = \lim_{n \to \infty} \dfrac{3n - 4 + \dfrac{5}{n}}{1 + \dfrac{1}{n}} = \infty.$

(4) $\lim_{n \to \infty} \dfrac{3n^2 - 4n + 5}{n^2 + n + 1} = \lim_{n \to \infty} \dfrac{3 - \dfrac{4}{n} + \dfrac{5}{n^2}}{1 + \dfrac{1}{n} + \dfrac{1}{n^2}} = 3.$

(5) $\lim_{n \to \infty} \dfrac{-4n + 5}{n^2 + n + 1} = \lim_{n \to \infty} \dfrac{-\dfrac{4}{n} + \dfrac{5}{n^2}}{1 + \dfrac{1}{n} + \dfrac{1}{n^2}} = 0.$

(6) $\begin{aligned} \lim_{n \to \infty} (\sqrt{n+2} - \sqrt{n}) &= \lim_{n \to \infty} \dfrac{(\sqrt{n+2} - \sqrt{n})(\sqrt{n+2} + \sqrt{n})}{\sqrt{n+2} + \sqrt{n}} \\ &= \lim_{n \to \infty} \dfrac{(\sqrt{n+2})^2 - (\sqrt{n})^2}{\sqrt{n+2} + \sqrt{n}} \\ &= \lim_{n \to \infty} \dfrac{(n+2) - n}{\sqrt{n+2} + \sqrt{n}} \\ &= \lim_{n \to \infty} \dfrac{2}{\sqrt{n+2} + \sqrt{n}} \\ &= 0. \end{aligned}$

(補足) 勝手ではあるが，$\sqrt{n}(= n^{\frac{1}{2}})$ は n の $\dfrac{1}{2}$ 次式であると思うと，(2)の「(見かけ上の)最高次の項である n でくくる」という式変形も納得できるだろう．

4-04

数列の極限と不等式

■ 要点

(i) ある正の整数Nを適当に定めると,$N<n$をみたすすべての整数nに対して,$a_n \leq b_n$が成り立つとする.このとき,次のことが成り立つ.

$$\lim_{n \to \infty} a_n = \alpha,\ \lim_{n \to \infty} b_n = \beta\ (\alpha,\ \beta は定数) ならば\ \alpha \leq \beta.\ \cdots (注1)$$

$$\lim_{n \to \infty} a_n = \infty\ ならば\ \lim_{n \to \infty} b_n = \infty.\ \cdots (注2)$$

(ii) ある正の整数Nを適当に定めると,$N<n$をみたすすべての整数nに対して,$a_n \leq c_n \leq b_n$が成り立つとする.このとき,

$$\lim_{n \to \infty} a_n = \lim_{n \to \infty} b_n = A\ (A は定数) ならば\ \lim_{n \to \infty} c_n = A.\ \cdots (注3)$$

(注1) $a_n < b_n$が成り立つとき,$\alpha < \beta$となるとはいえない(つまり,$\alpha = \beta$となることもある).

例えば,$a_n = -\dfrac{1}{n}$, $b_n = \dfrac{1}{n}$のとき,$a_n < b_n$が成り立つが,

$$\lim_{n \to \infty} a_n = \lim_{n \to \infty} b_n = 0$$

となる.

(注2) この性質は「追い出しの原理」と呼ばれることがある.

(注3) この性質は「はさみうちの原理」と呼ばれることがある.例えば,$-1 \leq (-1)^n \leq 1$という不等式と「はさみうちの原理」により,$(-1)^n$の項がある数列の極限を求められることがある.

参考 数列の極限の分類

$a_n = (-1)^n$で定められる数列$\{a_n\}$は収束しないが,かといって正の無限大に発散するわけでも,負の無限大に発散するわけでもない.

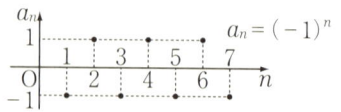

このように,$\{a_n\}$が収束せず,正の無限大にも負の無限大にも発散しないならば,$\{a_n\}$は**極限をもたない**,あるいは,$\{a_n\}$は**振動する**という.

一般に,**数列の極限は「収束」と「発散(収束しないこと)」の2つに分類され,さらに,「発散」は『正の無限大に発散』,『負の無限大に発散』,『振動』の3つに分類される.**

数列の極限と不等式

● 例題1

すべての正の整数nに対して次の不等式が成り立つとき，$\lim_{n\to\infty} a_n$を求めよ．

(1) $n^3 - 2n^2 \leqq a_n$ 　　　　(2) $\dfrac{3n^2 - 4n + 5}{n+1} < a_n$

▶解答と解説

(1) $\lim_{n\to\infty}(n^3 - 2n^2) = \lim_{n\to\infty} n^3\left(1 - \dfrac{2}{n}\right) = \infty$ である．

このことと，$n^3 - 2n^2 \leqq a_n$ より，$\lim_{n\to\infty} a_n = \infty$．

(2) $\lim_{n\to\infty} \dfrac{3n^2 - 4n + 5}{n+1} = \lim_{n\to\infty} \dfrac{3n - 4 + \dfrac{5}{n}}{1 + \dfrac{1}{n}} = \infty$ である．

このことと，$\dfrac{3n^2 - 4n + 5}{n+1} < a_n$ より，$\lim_{n\to\infty} a_n = \infty$．

● 例題2

nを正の整数とする．次の極限を求めよ．

(1) $\lim_{n\to\infty} \dfrac{(-1)^n}{n}$ 　　　　(2) $\lim_{n\to\infty} \dfrac{1}{n^2} \sin \dfrac{n\pi}{12}$

▶解答と解説

(1) $-1 \leqq (-1)^n \leqq 1$ であることと，$n > 0$ より，
$$-\dfrac{1}{n} \leqq \dfrac{(-1)^n}{n} \leqq \dfrac{1}{n} \quad \cdots ①$$
が成り立つ．

$\lim_{n\to\infty}\left(-\dfrac{1}{n}\right) = 0$, $\lim_{n\to\infty}\dfrac{1}{n} = 0$ であるから，①より，$\lim_{n\to\infty}\dfrac{(-1)^n}{n} = 0$．

(関連)→ 4-04 (注3)

(2) $-1 \leqq \sin \dfrac{n\pi}{12} \leqq 1$ であることと，$n > 0$ より，
$$-\dfrac{1}{n^2} \leqq \dfrac{1}{n^2}\sin\dfrac{n\pi}{12} \leqq \dfrac{1}{n^2} \quad \cdots ②$$
が成り立つ．

$\lim_{n\to\infty}\left(-\dfrac{1}{n^2}\right) = 0$, $\lim_{n\to\infty}\dfrac{1}{n^2} = 0$ であるから，②より，$\lim_{n\to\infty}\dfrac{1}{n^2}\sin\dfrac{n\pi}{12} = 0$．

第4章　数列の極限

4-05 $\{r^n\}$ の極限

■ 要点

$\{r^n\}$ の極限は次のようになる.

$$\begin{cases} r>1 \text{ のとき} & \lim_{n\to\infty} r^n = \infty, \\ r=1 \text{ のとき} & \lim_{n\to\infty} r^n = 1, \\ -1<r<1 \text{ のとき} & \lim_{n\to\infty} r^n = 0, \quad \cdots \text{(注1)} \\ r\leqq -1 \text{ のとき} & \lim_{n\to\infty} r^n \text{ は存在しない.} \quad \cdots \text{(注2)} \end{cases}$$

これより，$\{r^n\}$ が収束する条件は $-1<r\leqq 1$ である.

また，一般項に r^n の項がある数列の極限を求めるときには，次のことを利用することが多い.

(i) $-1<r<1$ のとき $\lim_{n\to\infty} r^n = 0$.

(ii) $r=1$ のとき $\lim_{n\to\infty} r^n = 1$.

(iii) $r<-1$ または $1<r$ のとき，$-1<\dfrac{1}{r}<1$ であるから，

$$\lim_{n\to\infty} \left(\dfrac{1}{r}\right)^n = 0,$$

すなわち,

$$\lim_{n\to\infty} \dfrac{1}{r^n} = 0.$$

(注1) $-1<r<1$ のとき，$\lim_{n\to\infty} a_n = \infty$ ならば，$\lim_{n\to\infty} r^{a_n} = 0$ が成り立つ.

(注2) $r=-1$ のとき，$\{r^n\}$ は -1 と 1 の項が交互に現れる数列になる.

(関連)→ 4-04 参考

また，$r<-1$ のとき，$\{r^n\}$ は負の項と正の項が交互に現れる数列になる（絶対値は増加していく）.

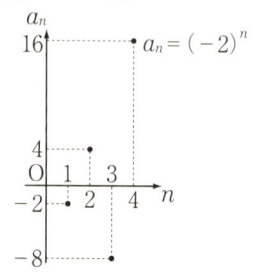

例題1

次の極限を求めよ.
(1) $\lim_{n \to \infty} \left\{1 - \left(\frac{2}{3}\right)^n\right\}$ (2) $\lim_{n \to \infty} (3^n - 2^n)$ (3) $\lim_{n \to \infty} \frac{3^n - 2^n}{3^n + 2^n}$

▶解答と解説

(1) $\lim_{n \to \infty} \left\{1 - \left(\frac{2}{3}\right)^n\right\} = 1 - 0 = 1.$

(2) $\lim_{n \to \infty} (3^n - 2^n) = \lim_{n \to \infty} 3^n \left\{1 - \left(\frac{2}{3}\right)^n\right\} = \infty.$

(3) $\lim_{n \to \infty} \frac{3^n - 2^n}{3^n + 2^n} = \lim_{n \to \infty} \frac{1 - \left(\frac{2}{3}\right)^n}{1 + \left(\frac{2}{3}\right)^n} = \frac{1 - 0}{1 + 0} = 1.$

(補足) (1)から(3)までの式変形は, いずれも, 収束する項を作り出すことを目的としたものである.

例題2

r が次の条件を満たすとき, $\lim_{n \to \infty} \frac{r^n}{r^n + 1}$ を求めよ.
(1) $-1 < r < 1$ (2) $r = 1$ (3) $r < -1$ または $1 < r$

▶解答と解説

(1) $-1 < r < 1$ のとき, $\lim_{n \to \infty} r^n = 0$ である.

  したがって, $\lim_{n \to \infty} \frac{r^n}{r^n + 1} = \frac{0}{0 + 1} = 0.$

(2) $r = 1$ のとき, $\lim_{n \to \infty} r^n = 1$ である.

  したがって, $\lim_{n \to \infty} \frac{r^n}{r^n + 1} = \frac{1}{1 + 1} = \frac{1}{2}.$

(3) $r < -1$ または $1 < r$ のとき, $\lim_{n \to \infty} \left(\frac{1}{r}\right)^n = 0$ である.

  したがって, $\lim_{n \to \infty} \frac{r^n}{r^n + 1} = \lim_{n \to \infty} \frac{1}{1 + \left(\frac{1}{r}\right)^n} = \frac{1}{1 + 0} = 1.$

4-06 無限級数

要点

$\{a_n\}$ の初項から第 n 項までの和を S_n とするとき，S_n を $\{a_n\}$ の**部分和**といい，$\lim_{n\to\infty} S_n$ を $\{a_n\}$ の**無限級数**という．…(注1)

$\lim_{n\to\infty} S_n$ を $a_1+a_2+a_3+\cdots$，$a_1+a_2+a_3+\cdots+a_n+\cdots$，$\sum_{n=1}^{\infty} a_n$ などと表す．

なお，$\lim_{n\to\infty} S_n$ がある定数 α に収束するとき，α を無限級数の和という．

(i) 以上のことから，**部分和 S_n が n の式で表せるような $\{a_n\}$ に対しては，**
  ① **部分和 S_n を求める，**
  ② **$\lim_{n\to\infty} S_n$ を求める**
 という手順で無限級数を求めることができる．

(ii) また，$\{a_n\}$ の部分和 S_n に対して，

$$\lim_{n\to\infty} a_n \neq 0 \quad \text{ならば} \quad \lim_{n\to\infty} S_n \text{は発散する}$$

ことがわかる．…(注2)

ゆえに，$\{a_n\}$ の極限から，無限級数が発散するとわかることがある．

無限級数に対しては，(i)，(ii) の他にもさまざまなアプローチがある．

関連 ➡ 7-13, 7-14

(注1) 直感的には「初項から順に項を無限個加えたもの」が「無限級数」である．

(注2) この命題の逆は偽である（反例：$a_n = \sqrt{n} - \sqrt{n+1}$ など）．

参考 「$\lim_{n\to\infty} a_n \neq 0$ ならば $\lim_{n\to\infty} S_n$ は発散する」の証明

$\lim_{n\to\infty} S_n$ が収束すると仮定し，その極限値を α とする．

$n \geq 2$ のとき，$a_n = S_n - S_{n-1}$ より，

$$\lim_{n\to\infty} a_n = \lim_{n\to\infty}(S_n - S_{n-1}) = \alpha - \alpha = 0. \quad \cdots (\text{注})$$

よって，「$\lim_{n\to\infty} S_n$ が収束する ならば $\lim_{n\to\infty} a_n = 0$」が成り立つ．

ゆえに，対偶「$\lim_{n\to\infty} a_n \neq 0$ ならば $\lim_{n\to\infty} S_n$ は発散する」も成り立つ．

(注) 一般に，数列 $\{p_n\}$ に対して，$\lim_{n\to\infty} p_n = \alpha$（$\alpha$ は定数）のとき，$\lim_{n\to\infty} p_{n-1} = \alpha$，$\lim_{n\to\infty} p_{n+1} = \alpha$ が成り立つ．

無限級数

例題

次の無限級数が収束するか発散するかを調べよ．また，収束するときは和を求めよ．

(1) $\dfrac{1}{1\cdot 2}+\dfrac{1}{2\cdot 3}+\dfrac{1}{3\cdot 4}+\cdots+\dfrac{1}{n(n+1)}+\cdots$

(2) $\displaystyle\sum_{n=1}^{\infty}(\sqrt{n}-\sqrt{n+1})$ 　　(3) $\displaystyle\sum_{n=1}^{\infty}\dfrac{n}{2n+1}$

▶解答と解説

(1) $S_n=\dfrac{1}{1\cdot 2}+\dfrac{1}{2\cdot 3}+\dfrac{1}{3\cdot 4}+\cdots+\dfrac{1}{n(n+1)}$ とおくと，

$S_n=\left(\dfrac{1}{1}-\dfrac{1}{2}\right)+\left(\dfrac{1}{2}-\dfrac{1}{3}\right)+\left(\dfrac{1}{3}-\dfrac{1}{4}\right)+\cdots+\left(\dfrac{1}{n}-\dfrac{1}{n+1}\right)$

$\quad=\dfrac{1}{1}-\dfrac{1}{n+1}$

$\quad=1-\dfrac{1}{n+1}.$

ゆえに，$\displaystyle\lim_{n\to\infty}S_n=1.$

したがって，$\dfrac{1}{1\cdot 2}+\dfrac{1}{2\cdot 3}+\dfrac{1}{3\cdot 4}+\cdots+\dfrac{1}{n(n+1)}+\cdots$ は収束し，その和は1である．

(2) $S_n=\displaystyle\sum_{k=1}^{n}(\sqrt{k}-\sqrt{k+1})$ とおくと，

$S_n=(\sqrt{1}-\sqrt{2})+(\sqrt{2}-\sqrt{3})+(\sqrt{3}-\sqrt{4})+\cdots+(\sqrt{n}-\sqrt{n+1})$

$\quad=\sqrt{1}-\sqrt{n+1}$

$\quad=1-\sqrt{n+1}.$

ゆえに，$\displaystyle\lim_{n\to\infty}S_n=-\infty.$

したがって，$\displaystyle\sum_{n=1}^{\infty}(\sqrt{n}-\sqrt{n+1})$ は発散する．

(3) $\displaystyle\lim_{n\to\infty}\dfrac{n}{2n+1}=\lim_{n\to\infty}\dfrac{1}{2+\dfrac{1}{n}}=\dfrac{1}{2}$ より，$\displaystyle\lim_{n\to\infty}\dfrac{n}{2n+1}\neq 0$ である．

したがって，$\displaystyle\sum_{n=1}^{\infty}\dfrac{n}{2n+1}$ は発散する．

第4章 数列の極限

4-07

無限等比級数

要点

$\{a_n\}$が初項a,公比rの等比数列であるとき,$\{a_n\}$の無限級数を初項a,公比rの無限等比級数という.

$\{a_n\}$が初項a,公比rの等比数列であるとき,その部分和をS_nとすると,

$$S_n = \begin{cases} \dfrac{a(1-r^n)}{1-r} & (r \neq 1 \text{のとき}) \\ na & (r=1 \text{のとき}) \end{cases}$$

である.

よって,初項a,公比rの無限等比級数$a+ar+ar^2+\cdots+ar^{n-1}+\cdots$の収束や発散は次のようになる.

(i) $a=0$のとき

$a+ar+ar^2+\cdots+ar^{n-1}+\cdots$ は0に収束する.

(ii) $-1<r<1$のとき

$a+ar+ar^2+\cdots+ar^{n-1}+\cdots$ は $\dfrac{a}{1-r}$ に収束する.

(iii) $a \neq 0$ かつ「$r \leq -1$ または $1 \leq r$」のとき

$a+ar+ar^2+\cdots+ar^{n-1}+\cdots$ は発散する.

これより,無限等比級数が収束する条件は

「(初項)$=0$ または $-1<$(公比)<1」

である.

関連 → 4-05

無限等比級数

例題1

次の無限等比級数が収束するか発散するかを調べよ．また，収束するときは和を求めよ．

(1) $0.3 + 0.03 + 0.003 + 0.0003 + \cdots$

(2) $1 + (1 + \sqrt{2}) + (3 + 2\sqrt{2}) + (7 + 5\sqrt{2}) + \cdots$

▶解答と解説

(1) $0.3 + 0.03 + 0.003 + 0.0003 + \cdots$ は初項 0.3，公比 0.1 の無限等比級数であり，$-1 < 0.1 < 1$ であるから，この無限等比級数は収束する．また，その和は $\dfrac{0.3}{1 - 0.1} = \dfrac{0.3}{0.9} = \dfrac{1}{3}$ である．…(補足)

(2) $1 + (1 + \sqrt{2}) + (3 + 2\sqrt{2}) + (7 + 5\sqrt{2}) + \cdots$ は初項 1，公比 $1 + \sqrt{2}$ の無限等比級数であり，$1 < 1 + \sqrt{2}$ であるから，この無限等比級数は発散する．

(補足) $0.\dot{3} = 0.3 + 0.03 + 0.003 + 0.0003 + \cdots$ であるから，(1)は循環小数 $0.\dot{3}$ を分数で表すと $\dfrac{1}{3}$ となることを示している．このように，無限等比級数の和を求めることで，循環小数を分数で表すことができる．

例題2

無限等比級数 $x + x(x-2) + x(x-2)^2 + x(x-2)^3 + \cdots$ が収束するような実数 x の値の範囲を求めよ．

▶解答と解説

$x + x(x-2) + x(x-2)^2 + x(x-2)^3 + \cdots$ は初項 x，公比 $x-2$ の無限等比級数である．

したがって，この無限等比級数が収束するような実数 x の値の範囲は
$$x = 0 \quad \text{または} \quad -1 < x - 2 < 1$$
すなわち，
$$x = 0 \quad \text{または} \quad 1 < x < 3$$
である．

5-01 関数の極限（収束）

■ 要点

- 関数 $f(x)$ において，x が a でない値をとりながら，限りなく a に近づくとき，$f(x)$ がある一定の値 A に限りなく近づくならば，$x \to a$ のとき $f(x)$ は収束するという．このことを
$$\lim_{x \to a} f(x) = A \quad \text{あるいは} \quad \lceil x \to a \text{ のとき } f(x) \to A \rfloor$$
などと表す．また，A を $x \to a$ のときの $f(x)$ の極限値という．

- 関数 $f(x)$ において，x を限りなく大きくするとき，$f(x)$ がある一定の値 A に限りなく近づくことを
$$\lim_{x \to \infty} f(x) = A \quad \text{あるいは} \quad \lceil x \to \infty \text{ のとき } f(x) \to A \rfloor$$
などと表す．また，A を $x \to \infty$ のときの $f(x)$ の極限値という．
  例えば，$\lim_{x \to \infty} \dfrac{1}{x} = 0$ が成り立つ．

- 関数 $f(x)$ において，x を限りなく小さくするとき，$f(x)$ がある一定の値 A に限りなく近づくことを
$$\lim_{x \to -\infty} f(x) = A \quad \text{あるいは} \quad \lceil x \to -\infty \text{ のとき } f(x) \to A \rfloor$$
などと表す．また，A を $x \to -\infty$ のときの $f(x)$ の極限値という．
  例えば，$\lim_{x \to -\infty} \dfrac{1}{x} = 0$ が成り立つ．

  さらに，$\lim_{x \to a} f(x) = A$，$\lim_{x \to a} g(x) = B$ のとき，

  (i) $\lim_{x \to a} \{f(x) \pm g(x)\} = A \pm B$（複号同順），

  (ii) $\lim_{x \to a} f(x) g(x) = AB$，

  (iii) $B \neq 0$ ならば $\lim_{x \to a} \dfrac{f(x)}{g(x)} = \dfrac{A}{B}$

が成り立つ．

  なお，(i) から (iii) の性質は $x \to \infty$ のときも $x \to -\infty$ のときも成り立つ．

  また，$f(x)$ が $x = a$ で連続であるとき，
$$\lim_{x \to a} f(x) = f(a)$$
が成り立つ．

関連 ➡ 5-10

例題

次の極限を求めよ.

(1) $\displaystyle \lim_{x \to \infty} \frac{3 - \frac{4}{x} + \frac{5}{x^2}}{1 + \frac{1}{x} + \frac{1}{x^2}}$

(2) $\displaystyle \lim_{t \to \infty} \frac{1 + \frac{1}{t}}{\sqrt{1 + \frac{1}{t} + \frac{1}{t^2}} + 1}$

(3) $\displaystyle \lim_{x \to 2} 4(x+2)$

(4) $\displaystyle \lim_{x \to 0} \frac{1}{\cos x}$

▶解答と解説

(1) $\displaystyle \lim_{x \to \infty} \frac{3 - \frac{4}{x} + \frac{5}{x^2}}{1 + \frac{1}{x} + \frac{1}{x^2}} = \frac{3 - 0 + 0}{1 + 0 + 0} = 3.$

(2) $\displaystyle \lim_{t \to \infty} \frac{1 + \frac{1}{t}}{\sqrt{1 + \frac{1}{t} + \frac{1}{t^2}} + 1} = \frac{1 + 0}{\sqrt{1 + 0 + 0} + 1} = \frac{1}{2}.$

(3) $\displaystyle \lim_{x \to 2} 4(x+2) = 4 \cdot (2+2) = 16.$

(4) $\displaystyle \lim_{x \to 0} \frac{1}{\cos x} = \frac{1}{\cos 0} = \frac{1}{1} = 1.$

5-02 関数の極限（無限大に発散）

■ 要点

- x が a でない値をとりながら，限りなく a に近づくとき，$f(x)$ が限りなく大きくなるならば，$f(x)$ は正の無限大に発散するという．このことを
$$\lim_{x \to a} f(x) = \infty \quad \text{あるいは} \quad \lceil x \to a \text{ のとき } f(x) \to \infty \rfloor$$
などと表す．

- x が a でない値をとりながら，限りなく a に近づくとき，$f(x)$ が限りなく小さくなるならば，$f(x)$ は負の無限大に発散するという．このことを
$$\lim_{x \to a} f(x) = -\infty \quad \text{あるいは} \quad \lceil x \to a \text{ のとき } f(x) \to -\infty \rfloor$$
などと表す．

さらに，次のことが成り立つ．

(i) $\lim_{x \to a} f(x) = \infty$ のとき，
$$\lim_{x \to a} \{-f(x)\} = -\infty, \quad \lim_{x \to a} \frac{1}{f(x)} = 0.$$

(ii) $\lim_{x \to a} f(x) = \infty$, $\lim_{x \to a} g(x) = B$ (B は定数) のとき，
$$\lim_{x \to a} \{f(x) + g(x)\} = \infty.$$

(iii) $\lim_{x \to a} f(x) = \infty$, $\lim_{x \to a} g(x) = B$ (B は正の定数) のとき，
$$\lim_{x \to a} f(x) g(x) = \infty.$$

(iv) $\lim_{x \to a} f(x) = \infty$, $\lim_{x \to a} g(x) = \infty$ のとき，
$$\lim_{x \to a} \{f(x) + g(x)\} = \infty, \quad \lim_{x \to a} f(x) g(x) = \infty.$$

なお，(i) から (iv) の性質は $x \to \infty$ のときも $x \to -\infty$ のときも成り立つ．

関数の極限（無限大に発散）

例題

次の極限を求めよ．

(1) $\lim_{x \to \infty} x^2 \left(1 + \dfrac{1}{x} + \dfrac{1}{x^2}\right)$

(2) $\lim_{x \to \infty} \dfrac{3x - 4 + \dfrac{5}{x}}{1 + \dfrac{1}{x}}$

▶解答と解説

(1) $\lim_{x \to \infty} x^2 = \infty$, $\lim_{x \to \infty} \left(1 + \dfrac{1}{x} + \dfrac{1}{x^2}\right) = 1$ より, $\lim_{x \to \infty} x^2 \left(1 + \dfrac{1}{x} + \dfrac{1}{x^2}\right) = \infty$.

(2) $\lim_{x \to \infty} 3x = \infty$, $\lim_{x \to \infty} \dfrac{5}{x} = 0$ より, $\lim_{x \to \infty} \left(3x - 4 + \dfrac{5}{x}\right) = \infty$.

また, $\lim_{x \to \infty} \left(1 + \dfrac{1}{x}\right) = 1$.

ゆえに, $\lim_{x \to \infty} \dfrac{3x - 4 + \dfrac{5}{x}}{1 + \dfrac{1}{x}} = \infty$.

（補足）
- x を限りなく大きくするとき，$f(x)$ が限りなく大きくなることを
 $\lim_{x \to \infty} f(x) = \infty$ あるいは 「$x \to \infty$ のとき $f(x) \to \infty$」，
 また，x を限りなく小さくするとき $f(x)$ が限りなく大きくなることを
 $\lim_{x \to -\infty} f(x) = \infty$ あるいは 「$x \to -\infty$ のとき $f(x) \to \infty$」
 などと表す．

- x を限りなく大きくするとき，$f(x)$ が限りなく小さくなることを
 $\lim_{x \to \infty} f(x) = -\infty$ あるいは 「$x \to \infty$ のとき $f(x) \to -\infty$」，
 また，x を限りなく小さくするとき，$f(x)$ が限りなく小さくなることを
 $\lim_{x \to -\infty} f(x) = -\infty$ あるいは 「$x \to -\infty$ のとき $f(x) \to -\infty$」
 などと表す．

5-03

関数の極限の計算

■ 要点

$\lim_{x \to a} f(x) = \infty$, $\lim_{x \to a} g(x) = \infty$ のときに, $\lim_{x \to a} \dfrac{f(x)}{g(x)}$, $\lim_{x \to a} \{f(x) - g(x)\}$ を求める場合や, $\lim_{x \to a} f(x) = 0$, $\lim_{x \to a} g(x) = 0$ のときに, $\lim_{x \to a} \dfrac{f(x)}{g(x)}$ を求める場合は, 次のような適切な式変形によって, わかることが多い. …(注1), (注2)

(i) **最高次の項でくくる.**

(ii) **分数式は分母の最高次の項で, 分母と分子を割る.**

(iii) 約分できる分数式は, **約分する.**

(iv) (i), (ii), (iii)の方法で収束や発散がわからない式で, 根号が含まれるものは, **分子や分母を有理化する.**

(注1) $\lim_{x \to a} f(x) = \infty$, $\lim_{x \to a} g(x) = \infty$ のとき, $\lim_{x \to a} \dfrac{f(x)}{g(x)}$, $\lim_{x \to a} \{f(x) - g(x)\}$ は $f(x)$, $g(x)$ によって異なる.

このことを, $\dfrac{\infty}{\infty}$, **∞−∞ は不定形である**と表現することもある.

また, $\lim_{x \to a} f(x) = 0$, $\lim_{x \to a} g(x) = 0$ のとき, $\lim_{x \to a} \dfrac{f(x)}{g(x)}$ は $f(x)$, $g(x)$ によって異なる.

このことを, $\dfrac{0}{0}$ **は不定形である**と表現することもある.

さらに, $\lim_{x \to a} f(x) = 0$, $\lim_{x \to a} g(x) = \infty$ のとき, $\lim_{x \to a} f(x)g(x)$ は $f(x)$, $g(x)$ によって異なる.

このことを, **0・∞ は不定形である**と表現することもある. このときも, (i)から(iv)までの式変形によって, $\lim_{x \to a} f(x)g(x)$ がわかることが多い.

(注2) $x \to a$ のときだけでなく, $x \to \infty$ のときも $x \to -\infty$ のときも, (i)から(iv)の式変形が有効であることが多い.

関数の極限の計算

例題

次の極限を求めよ．

(1) $\displaystyle\lim_{x\to\infty}(x^2+x+1)$

(2) $\displaystyle\lim_{x\to\infty}\frac{3x^2-4x+5}{x^2+x+1}$

(3) $\displaystyle\lim_{x\to 2}\frac{4x^2-16}{x-2}$

(4) $\displaystyle\lim_{x\to -\infty}(\sqrt{x^2-x+1}+x)$

▶解答と解説

(1) $\displaystyle\lim_{x\to\infty}(x^2+x+1)=\lim_{x\to\infty}x^2\left(1+\frac{1}{x}+\frac{1}{x^2}\right)=\infty.$

(2) $\displaystyle\lim_{x\to\infty}\frac{3x^2-4x+5}{x^2+x+1}=\lim_{x\to\infty}\frac{3-\dfrac{4}{x}+\dfrac{5}{x^2}}{1+\dfrac{1}{x}+\dfrac{1}{x^2}}=3.$

(3) $\displaystyle\lim_{x\to 2}\frac{4x^2-16}{x-2}=\lim_{x\to 2}\frac{4(x+2)(x-2)}{x-2}=\lim_{x\to 2}4(x+2)=16.$

(4) $t=-x$ とおくと，$x\to -\infty$ のとき $t\to\infty$ となり，$x=-t$ であるので，

$\displaystyle\lim_{x\to -\infty}(\sqrt{x^2-x+1}+x)=\lim_{t\to\infty}\{\sqrt{(-t)^2-(-t)+1}+(-t)\}$
$\displaystyle\qquad=\lim_{t\to\infty}(\sqrt{t^2+t+1}-t)$
$\displaystyle\qquad=\lim_{t\to\infty}\frac{(\sqrt{t^2+t+1}-t)(\sqrt{t^2+t+1}+t)}{\sqrt{t^2+t+1}+t}$
$\displaystyle\qquad=\lim_{t\to\infty}\frac{(\sqrt{t^2+t+1})^2-t^2}{\sqrt{t^2+t+1}+t}$
$\displaystyle\qquad=\lim_{t\to\infty}\frac{(t^2+t+1)-t^2}{\sqrt{t^2+t+1}+t}$
$\displaystyle\qquad=\lim_{t\to\infty}\frac{t+1}{\sqrt{t^2+t+1}+t}\quad\cdots\text{①}$
$\displaystyle\qquad=\lim_{t\to\infty}\frac{1+\dfrac{1}{t}}{\sqrt{1+\dfrac{1}{t}+\dfrac{1}{t^2}}+1}\quad\cdots\text{②}$
$\displaystyle\qquad=\frac{1}{2}.$

(補足) $x\to -\infty$ のときは，$t=-x$ とおくと，極限を求める際にミスを起こしにくくなることがある．例えば，(4)の①から②への式変形は $t\to\infty$ であるから（というより，$t>0$ であるから）可能なことである．

第5章 関数の極限

5-04
左側極限と右側極限

■ 要点

- 関数 $f(x)$ において，x が a **より小さい値のみ**をとりながら，限りなく a に近づくとき，$f(x)$ がある一定の値 A に限りなく近づくことを
$$\lim_{x \to a-0} f(x) = A \quad \text{あるいは} \quad 「x \to a-0 \text{ のとき } f(x) \to A」$$
などと表す．なお，$\lim_{x \to 0+0} f(x)$ は $\lim_{x \to +0} f(x)$ と表される．

- 関数 $f(x)$ において，x が a **より大きい値のみ**をとりながら，限りなく a に近づくとき，$f(x)$ がある一定の値 A に限りなく近づくことを
$$\lim_{x \to a+0} f(x) = A \quad \text{あるいは} \quad 「x \to a+0 \text{ のとき } f(x) \to A」$$
などと表す．なお，$\lim_{x \to 0-0} f(x)$ は $\lim_{x \to -0} f(x)$ と表される．

- 関数 $f(x)$ において，x が a より小さい値のみをとりながら，限りなく a に近づくとき，$f(x)$ が限りなく大きくなることを
$$\lim_{x \to a-0} f(x) = \infty \quad \text{あるいは} \quad 「x \to a-0 \text{ のとき } f(x) \to \infty」,$$
また，x が a より大きい値のみをとりながら，限りなく a に近づくとき，$f(x)$ が限りなく大きくなることを
$$\lim_{x \to a+0} f(x) = \infty \quad \text{あるいは} \quad 「x \to a+0 \text{ のとき } f(x) \to \infty」$$
などと表す．

- 関数 $f(x)$ において，x が a より小さい値のみをとりながら，限りなく a に近づくとき，$f(x)$ が限りなく小さくなることを
$$\lim_{x \to a-0} f(x) = -\infty \quad \text{あるいは} \quad 「x \to a-0 \text{ のとき } f(x) \to -\infty」,$$
また，x が a より大きい値のみをとりながら，限りなく a に近づくとき，$f(x)$ が限りなく小さくなることを
$$\lim_{x \to a+0} f(x) = -\infty \quad \text{あるいは} \quad 「x \to a+0 \text{ のとき } f(x) \to -\infty」$$
などと表す．例えば，$\lim_{x \to -0} \dfrac{1}{x} = -\infty$，$\lim_{x \to +0} \dfrac{1}{x} = \infty$ …(注) である．

さらに，**極限 $\lim_{x \to a} f(x)$ が存在する条件は，$\lim_{x \to a-0} f(x)$ と $\lim_{x \to a+0} f(x)$ が一致すること**である．また，$\lim_{x \to a-0} f(x)$ と $\lim_{x \to a+0} f(x)$ が一致するとき，$\lim_{x \to a} f(x)$ もこれらと一致する．

(注) 便宜上，$\dfrac{1}{-0} = -\infty$，$\dfrac{1}{+0} = \infty$ と書かれることがある．

関連 ➡ 5-07 参考

左側極限と右側極限

例題1

次の関数 $f(x)$ において,$\lim_{x \to 1} f(x)$ が存在すれば,それを求めよ.
$$f(x) = \begin{cases} x+2 & (x<1 \text{のとき}) \\ 2x-3 & (x \geq 1 \text{のとき}) \end{cases}$$

▶解答と解説

$\lim_{x \to 1-0} f(x) = \lim_{x \to 1-0} (x+2) = 1+2 = 3.$

$\lim_{x \to 1+0} f(x) = \lim_{x \to 1-0} (2x-3) = 2 \cdot 1 - 3 = -1.$

ゆえに,$\lim_{x \to 1-0} f(x)$ と $\lim_{x \to 1+0} f(x)$ は一致しないので,$\lim_{x \to 1} f(x)$ は存在しない.

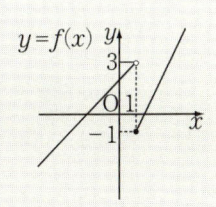

(補足) このように,$x<a$ のときと $x>a$ のときで $f(x)$ を定義する式が異なる場合に $\lim_{x \to a} f(x)$ を求めるときは,$\lim_{x \to a-0} f(x)$ と $\lim_{x \to a+0} f(x)$ をまず調べ,それから $\lim_{x \to a} f(x)$ を求めるとよい.

例題2

次の極限が存在すれば,それを求めよ.

(1) $\lim_{x \to 2-0} \dfrac{1}{2-x}$ (2) $\lim_{x \to 2+0} \dfrac{1}{2-x}$ (3) $\lim_{x \to 2} \dfrac{1}{2-x}$

▶解答と解説

(1) $x<2$ のとき,$2-x>0$ であり,$\lim_{x \to 2-0}(2-x) = 2-2 = 0$ である.
    したがって,$\lim_{x \to 2-0} \dfrac{1}{2-x} = \infty$.

(2) $x>2$ のとき,$2-x<0$ であり,$\lim_{x \to 2+0}(2-x) = 2-2 = 0$ である.
    したがって,$\lim_{x \to 2+0} \dfrac{1}{2-x} = -\infty$.

(3) (1),(2)より,$\lim_{x \to 2-0} \dfrac{1}{2-x}$ と $\lim_{x \to 2+0} \dfrac{1}{2-x}$ は一致しないので,$\lim_{x \to 2} \dfrac{1}{2-x}$ は存在しない.

第5章 関数の極限

5-05

関数の極限と不等式

要点

(i) ある正の数Mを適当に定めると，$M<x$を満たすすべての実数xに対して，$f(x) \leq g(x)$が成り立つとする．このとき，次のことが成り立つ．

$\lim_{x \to \infty} f(x) = \alpha$, $\lim_{x \to \infty} g(x) = \beta$（$\alpha, \beta$は定数）ならば$\alpha \leq \beta$.

$\lim_{x \to \infty} f(x) = \infty$ならば$\lim_{x \to \infty} g(x) = \infty$. …(注1)

(ii) ある正の数Mを適当に定めると，$M<x$を満たすすべての実数xに対して，$f(x) \leq h(x) \leq g(x)$が成り立つとする．このとき，

$\lim_{x \to \infty} f(x) = \lim_{x \to \infty} g(x) = A$（$A$は定数）ならば$\lim_{x \to \infty} h(x) = A$. …(注2)

(i)，(ii)の性質は$x \to -\infty$のときも$x \to a$（aは定数）のときも成り立つ．…(注3)

(注1) この性質は「追い出しの原理」と呼ばれることがある．

(注2) この性質は「はさみうちの原理」と呼ばれることがある．

(注3) 詳しく書くと，次のようになる．

- ある負の数mを適当に定めると，$x<m$を満たすすべての実数xに対して，$f(x) \leq g(x)$が成り立つとする．このとき，
    $\lim_{x \to -\infty} f(x) = \alpha$, $\lim_{x \to -\infty} g(x) = \beta$（$\alpha, \beta$は定数）ならば$\alpha \leq \beta$.
    $\lim_{x \to -\infty} f(x) = \infty$ならば$\lim_{x \to -\infty} g(x) = \infty$.

- ある負の数mを適当に定めると，$x<m$を満たすすべての実数xに対して，$f(x) \leq h(x) \leq g(x)$が成り立つとする．このとき，
    $\lim_{x \to -\infty} f(x) = \lim_{x \to -\infty} g(x) = A$（$A$は定数）ならば，$\lim_{x \to -\infty} h(x) = A$.

- ある正の数δを適当に定めると，「$|x-a|<\delta$かつ$x \neq a$」を満たすすべての実数xに対して，$f(x) \leq g(x)$が成り立つとする．このとき，
    $\lim_{x \to a} f(x) = \alpha$, $\lim_{x \to a} g(x) = \beta$（$\alpha, \beta$は定数）ならば$A \leq B$.
    $\lim_{x \to a} f(x) = \infty$ならば$\lim_{x \to a} g(x) = \infty$.

- ある正の数δを適当に定めると，「$|x-a|<\delta$かつ$x \neq a$」を満たすすべての実数xに対して，$f(x) \leq h(x) \leq g(x)$が成り立つとする．このとき，
    $\lim_{x \to a} f(x) = \lim_{x \to a} g(x) = A$（$A$は定数）ならば$\lim_{x \to a} h(x) = A$.

関数の極限と不等式

例題

次の極限を求めよ．ただし，$[x]$はxを超えない最大の整数を表す．

(1) $\displaystyle\lim_{x\to\infty}\frac{\sin 4x}{x}$ (2) $\displaystyle\lim_{x\to\infty}\frac{1-\cos x}{x^2}$ (3) $\displaystyle\lim_{x\to\infty}\frac{[x]}{x}$

▶解答と解説

(1) $-1 \leqq \sin 4x \leqq 1$ であることから，$x>0$のとき，

$$-\frac{1}{x} \leqq \frac{\sin 4x}{x} \leqq \frac{1}{x} \quad \cdots ①$$

が成り立つ．

$\displaystyle\lim_{x\to\infty}\left(-\frac{1}{x}\right)=0$, $\displaystyle\lim_{x\to\infty}\frac{1}{x}=0$ であるから，①より，$\displaystyle\lim_{x\to\infty}\frac{\sin 4x}{x}=0$.

(2) $-1 \leqq \cos x \leqq 1$ であることから，$x>0$のとき，

$$0 \leqq \frac{1-\cos x}{x^2} \leqq \frac{2}{x^2} \quad \cdots ②$$

が成り立つ．

$\displaystyle\lim_{x\to\infty}\frac{2}{x^2}=0$ であるから，②より，$\displaystyle\lim_{x\to\infty}\frac{1-\cos x}{x^2}=0$.

(3) $[x]$はxを超えない最大の整数であるから，$[x] \leqq x < [x]+1$.

ゆえに，$x-1 < [x] \leqq x$ が成り立つから，$x>0$のとき，

$$1-\frac{1}{x} < \frac{[x]}{x} \leqq 1 \quad \cdots ③$$

が成り立つ．

$\displaystyle\lim_{x\to\infty}\left(1-\frac{1}{x}\right)=1$ であるから，③より，$\displaystyle\lim_{x\to\infty}\frac{[x]}{x}=1$. …(補足)

(補足) $f(x)=[x]$ は連続関数でない関数の例として有名である．

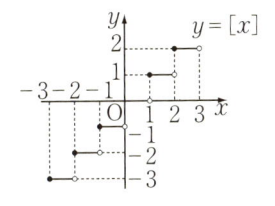

関連 → 5-10 参考

5-06 極限が収束する条件

要点

関数の極限が収束するための条件は，収束するために必要な条件を調べていくことでわかることが多い．

例えば，$\lim_{x \to a} g(x) = 0$ であるとき，$\lim_{x \to a} \dfrac{f(x)}{g(x)} = \alpha$（ただし，$\alpha$ は定数）が成り立つならば，

$$\lim_{x \to a} f(x) = \lim_{x \to a} \left\{ \dfrac{f(x)}{g(x)} \cdot g(x) \right\} = \alpha \cdot 0 = 0$$

となるので，

$\lim_{x \to a} g(x) = 0$ であるとき，

$\lim_{x \to a} \dfrac{f(x)}{g(x)}$ が収束する ならば $\lim_{x \to a} f(x) = 0$

が成り立つ．すなわち，**分母が0に収束する分数式が収束するためには，分子が0に収束しなければならない**．

極限が収束する条件

例題

(1) $\displaystyle\lim_{x\to 1}\dfrac{x^2+ax+b}{x-1}=3$ が成り立つように，定数 a, b の値を定めよ．

(2) $\displaystyle\lim_{x\to\infty}(\sqrt{x^2+1}-kx)$ が収束するように，定数 k の値を定めよ．

▶解答と解説

(1) $\displaystyle\lim_{x\to 1}(x-1)=0$ であるので，$\displaystyle\lim_{x\to 1}\dfrac{x^2+ax+b}{x-1}=3 \cdots$ ① となるためには，
$$\lim_{x\to 1}(x^2+ax+b)=0 \cdots ②$$
とならなければならない．

②より $1+a+b=0$，すなわち，$b=-a-1$ であり，このとき
$$\lim_{x\to 1}\dfrac{x^2+ax+b}{x-1}=\lim_{x\to 1}\dfrac{x^2+ax-a-1}{x-1}=\lim_{x\to 1}\dfrac{(x-1)(x+a+1)}{x-1}$$
$$=\lim_{x\to 1}(x+a+1)=a+2$$
であるから，①が成り立つ条件は
$$b=-a-1 \cdots ③ \quad \text{かつ} \quad a+2=3 \cdots ④$$
である．③，④より，$a=1$, $b=-2$．

(2) $k\leqq 0$ のとき，$\displaystyle\lim_{x\to\infty}(\sqrt{x^2+1}-kx)=\infty$ となるので，$\displaystyle\lim_{x\to\infty}(\sqrt{x^2+1}-kx)$ が収束するためには，$k>0 \cdots ⑤$ でなければならない．このとき
$$\lim_{x\to\infty}(\sqrt{x^2+1}-kx)=\lim_{x\to\infty}\dfrac{(\sqrt{x^2+1}-kx)(\sqrt{x^2+1}+kx)}{\sqrt{x^2+1}+kx}$$
$$=\lim_{x\to\infty}\dfrac{(1-k^2)x^2+1}{\sqrt{x^2+1}+kx}$$
$$=\lim_{x\to\infty}\dfrac{(1-k^2)x+\dfrac{1}{x}}{\sqrt{1+\dfrac{1}{x^2}}+k}$$

であるから，
$$1-k^2<0 \quad \text{ならば} \quad \lim_{x\to\infty}(\sqrt{x^2+1}-kx)=-\infty,$$
$$1-k^2=0 \quad \text{ならば} \quad \lim_{x\to\infty}(\sqrt{x^2+1}-kx)=0,$$
$$1-k^2>0 \quad \text{ならば} \quad \lim_{x\to\infty}(\sqrt{x^2+1}-kx)=\infty$$
となる．このことと⑤より，$\displaystyle\lim_{x\to\infty}(\sqrt{x^2+1}-kx)$ が収束する条件は，
$$k>0 \quad \text{かつ} \quad 1-k^2=0$$
である．したがって，$k=1$．

指数関数と対数関数の極限

要点

- $0<a<1$ のとき

$$\lim_{x\to\infty} a^x = 0, \quad \lim_{x\to-\infty} a^x = \infty, \quad \lim_{x\to\infty} \log_a x = -\infty, \quad \lim_{x\to+0} \log_a x = \infty.$$

- $a>1$ のとき

$$\lim_{x\to\infty} a^x = \infty, \quad \lim_{x\to-\infty} a^x = 0, \quad \lim_{x\to\infty} \log_a x = \infty, \quad \lim_{x\to+0} \log_a x = -\infty.$$

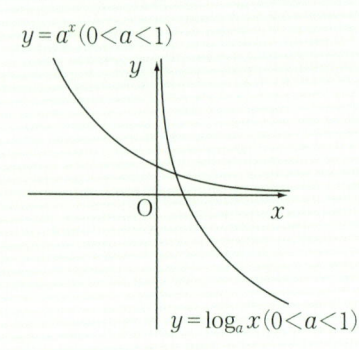

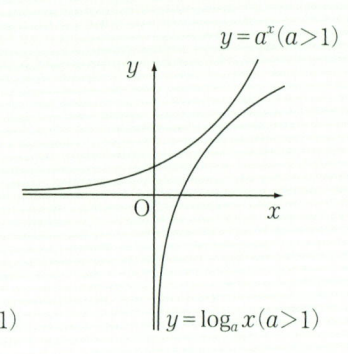

$y=a^x\,(0<a<1)$

$y=a^x\,(a>1)$

$y=\log_a x\,(0<a<1)$

$y=\log_a x\,(a>1)$

> **参考** いろいろな関数の極限
>
> $$\lim_{x\to\infty} x^r = \infty \quad (r\text{ は正の定数}).$$
>
> $$\lim_{x\to-0} \frac{1}{x} = -\infty, \quad \lim_{x\to+0} \frac{1}{x} = \infty.$$
>
> $$\lim_{x\to\frac{\pi}{2}-0} \tan x = \infty, \quad \lim_{x\to\frac{\pi}{2}+0} \tan x = -\infty.$$ 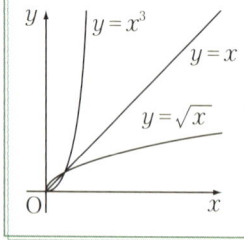
>
> $y=x^3$, $y=x$, $y=\sqrt{x}$
>
> $y=\dfrac{1}{x}$
>
> $y=\tan x$

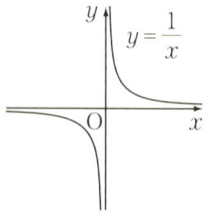

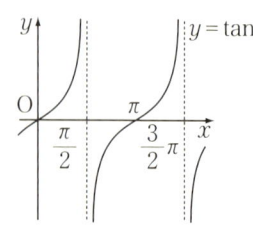

指数関数と対数関数の極限

例題

次の極限を求めよ．

(1) $\lim_{x\to\infty}(3^x - 2^x)$
(2) $\lim_{x\to\infty}\dfrac{3^x - 2^x}{3^x + 2^x}$
(3) $\lim_{x\to-\infty}\dfrac{2^x}{x}$

(4) $\lim_{x\to +0}\dfrac{\log_2 x}{x}$
(5) $\lim_{x\to\infty}\dfrac{\log_2(x+1)}{\log_2 x}$

▶解答と解説

(1) $\lim_{x\to\infty}3^x = \infty$, $\lim_{x\to\infty}\left\{1-\left(\dfrac{2}{3}\right)^x\right\} = 1$ より，

$$\lim_{x\to\infty}(3^x - 2^x) = \lim_{x\to\infty}3^x\left\{1-\left(\dfrac{2}{3}\right)^x\right\} = \infty.$$

(2) $\lim_{x\to\infty}\left(\dfrac{2}{3}\right)^x = 0$ より，$\lim_{x\to\infty}\dfrac{3^x - 2^x}{3^x + 2^x} = \lim_{x\to\infty}\dfrac{1-\left(\dfrac{2}{3}\right)^x}{1+\left(\dfrac{2}{3}\right)^x} = \dfrac{1-0}{1+0} = 1.$

(3) $\lim_{x\to\infty}2^x = 0$, $\lim_{x\to\infty}\dfrac{1}{x} = 0$ より，$\lim_{x\to-\infty}\dfrac{2^x}{x} = \lim_{x\to-\infty}\left(2^x \cdot \dfrac{1}{x}\right) = 0 \cdot 0 = 0.$

(4) $\lim_{x\to +0}\log_2 x = -\infty$, $\lim_{x\to +0}\dfrac{1}{x} = \infty$ より，

$$\lim_{x\to +0}\dfrac{\log_2 x}{x} = \lim_{x\to +0}\left\{(\log_2 x)\cdot\dfrac{1}{x}\right\} = -\infty.$$

(5) $\lim_{x\to\infty}\dfrac{\log_2(x+1)}{\log_2 x} = \lim_{x\to\infty}\left[\left\{\log_2 x\left(1+\dfrac{1}{x}\right)\right\}\cdot\dfrac{1}{\log_2 x}\right]$

$= \lim_{x\to\infty}\left[\left\{\log_2 x + \log_2\left(1+\dfrac{1}{x}\right)\right\}\cdot\dfrac{1}{\log_2 x}\right]$

$= \lim_{x\to\infty}\left[1+\left\{\log_2\left(1+\dfrac{1}{x}\right)\right\}\cdot\dfrac{1}{\log_2 x}\right]$

$= 1 + (\log_2 1)\cdot 0$

$= 1 + 0\cdot 0$

$= 1.$

第5章 関数の極限

5-08

三角関数の極限

■ **要点**

$$\lim_{x \to 0} \frac{\sin x}{x} = 1 \quad \cdots (*)$$

が成り立つ（ただし，角度 x の単位はラジアンである）．…**(注)**

(注) □→0のとき $\dfrac{\sin \square}{\square} \to 1$ である（ただし，□にはすべて等しい式が当てはまる）と覚えておくとよい．

なお，三角関数の極限は不等式を利用して求めることもある．

関連 → 5-05

参考 (*)が成り立つ理由

半径 r，中心角 x の扇形の面積が $\dfrac{1}{2}rx$ となる（ただし，角度 x の単位はラジアンである）ことを利用すると，(*)が成り立つ理由は次のように説明される．

$0 < x < \dfrac{\pi}{2}$ のとき，右下の図において，

（△OABの面積）＜（扇形OABの面積）＜（△OATの面積）

なので，$\dfrac{1}{2}\sin x < \dfrac{1}{2}x < \dfrac{1}{2}\tan x$，すなわち，

$$\sin x < x < \tan x \quad \cdots ①$$

が成り立つ．

$0 < x < \dfrac{\pi}{2}$ より $\sin x > 0$ なので，①の各辺を $\sin x$ で割ると，$1 < \dfrac{x}{\sin x} < \dfrac{1}{\cos x}$．

したがって，$\cos x < \dfrac{\sin x}{x} < 1$．…②

$\lim_{x \to +0} \cos x = 1$ であるから，②より，$\lim_{x \to +0} \dfrac{\sin x}{x} = 1$ …③が成り立つ．

また，$-\dfrac{\pi}{2} < x < 0$ のとき，$t = -x$ とおいて，③を用いると，

$$\lim_{x \to -0} \frac{\sin x}{x} = \lim_{t \to +0} \frac{\sin(-t)}{-t} = \lim_{t \to +0} \frac{-\sin t}{-t} = \lim_{t \to +0} \frac{\sin t}{t} = 1$$

となる．

したがって，(*)が成り立つ．

三角関数の極限

例題

次の極限を求めよ．

(1) $\displaystyle\lim_{x \to 0} \frac{\sin 4x}{x}$ (2) $\displaystyle\lim_{x \to 0} \frac{1-\cos x}{x^2}$ (3) $\displaystyle\lim_{x \to 0} \frac{\tan x}{x}$

(4) $\displaystyle\lim_{x \to 0} \frac{x}{\sin x}$ (5) $\displaystyle\lim_{x \to \pi} \frac{\sin x}{x-\pi}$ (6) $\displaystyle\lim_{x \to \infty} x \sin \frac{1}{x}$

▶解答と解説

(1) $x \to 0$ のとき $4x \to 0$ なので，$\displaystyle\lim_{x \to 0}\frac{\sin 4x}{x} = \lim_{x \to 0}\left(\frac{\sin 4x}{4x} \cdot 4\right) = 1 \cdot 4 = 4$.

(2) $\displaystyle\lim_{x \to 0} \frac{1-\cos x}{x^2} = \lim_{x \to 0} \frac{(1-\cos x)(1+\cos x)}{x^2(1+\cos x)}$
$\displaystyle = \lim_{x \to 0} \frac{1-\cos^2 x}{x^2(1+\cos x)}$
$\displaystyle = \lim_{x \to 0} \frac{\sin^2 x}{x^2(1+\cos x)}$
$\displaystyle = \lim_{x \to 0} \left\{\left(\frac{\sin x}{x}\right)^2 \cdot \frac{1}{1+\cos x}\right\}$
$\displaystyle = 1^2 \cdot \frac{1}{1+1}$
$\displaystyle = \frac{1}{2}$.

(3) $\displaystyle\lim_{x \to 0} \frac{\tan x}{x} = \lim_{x \to 0}\left(\frac{\sin x}{\cos x} \cdot \frac{1}{x}\right) = \lim_{x \to 0}\left(\frac{\sin x}{x} \cdot \frac{1}{\cos x}\right) = 1 \cdot \frac{1}{1} = 1$.

(4) $\displaystyle\lim_{x \to 0} \frac{x}{\sin x} = \lim_{x \to 0} \frac{1}{\frac{\sin x}{x}} = \frac{1}{1} = 1$.

(5) $t = x - \pi$ とおくと，$x \to \pi$ のとき $t \to 0$ となり，$x = t + \pi$ であるので，
$\displaystyle\lim_{x \to \pi} \frac{\sin x}{x-\pi} = \lim_{t \to 0} \frac{\sin(t+\pi)}{t} = \lim_{t \to 0} \frac{-\sin t}{t} = \lim_{t \to 0}\left(-\frac{\sin t}{t}\right) = -1$.

(6) $t = \dfrac{1}{x}$ とおくと，$x \to \infty$ のとき $t \to 0$ となり，$x = \dfrac{1}{t}$ であるので，
$\displaystyle\lim_{x \to \infty} x \sin \frac{1}{x} = \lim_{t \to 0}\left(\frac{1}{t} \cdot \sin t\right) = \lim_{t \to 0} \frac{\sin t}{t} = 1$.

第5章 関数の極限

5-09 自然対数の底

要点

$h \to 0$ のとき $(1+h)^{\frac{1}{h}}$ は収束することが知られており,その極限値を e と表す.すなわち,

$$\lim_{h \to 0} (1+h)^{\frac{1}{h}} = e$$

が成り立つ. …(注1)

また,e を底とする対数を**自然対数**といい,$\log_e x$ は底の e を省略して $\log x$ と書かれることが多い.このことから,e は自然対数の底と呼ばれる.

(注1) $\square \to 0$ のとき $(1+\square)^{\triangle} \to e$ である(ただし,$\square$ と $\triangle$ は積が1になる2式である)と覚えておくとよい.

また,$\displaystyle\lim_{n \to \infty}\left(1+\frac{1}{n}\right)^n = e$,および,「$\displaystyle\lim_{n \to \infty} a_n = \infty$ ならば,$\displaystyle\lim_{n \to \infty}\left(1+\frac{1}{a_n}\right)^{a_n} = e$」が成り立つ.

(注2) e は循環しない無限小数であり,その小数第15位までを記すと

$$2.718282828459045$$

であることが知られている.

自然対数の底

例題

次の極限を求めよ．ただし，x, t, h は実数で，n は正の整数である．

(1) $\displaystyle\lim_{x \to 0} (1+2x)^{\frac{1}{x}}$ (2) $\displaystyle\lim_{x \to \infty}\left(1+\frac{1}{x}\right)^{5x}$ (3) $\displaystyle\lim_{x \to \infty}\left(1-\frac{1}{2x}\right)^{-2x}$

(4) $\displaystyle\lim_{n \to \infty}\left(1+\frac{1}{n}\right)^{\frac{n}{2}}$ (5) $\displaystyle\lim_{t \to 0}\frac{\log(1+t)}{t}$ (6) $\displaystyle\lim_{h \to 0}\frac{e^h-1}{h}$

▶解答と解説

(1) $x \to 0$ のとき $2x \to 0$ なので，
$$\lim_{x \to 0} (1+2x)^{\frac{1}{x}} = \lim_{x \to 0}\left\{(1+2x)^{\frac{1}{2x}}\right\}^2 = e^2.$$

(2) $x \to \infty$ のとき $\dfrac{1}{x} \to 0$ なので，
$$\lim_{x \to \infty}\left(1+\frac{1}{x}\right)^{5x} = \lim_{x \to \infty}\left\{\left(1+\frac{1}{x}\right)^x\right\}^5 = e^5.$$

(3) $x \to \infty$ のとき $-\dfrac{1}{2x} \to 0$ なので，
$$\lim_{x \to \infty}\left(1-\frac{1}{2x}\right)^{-2x} = \lim_{x \to \infty}\left\{1+\left(-\frac{1}{2x}\right)\right\}^{-2x} = e.$$

(4) $\displaystyle\lim_{n \to \infty}\left(1+\frac{1}{n}\right)^{\frac{n}{2}} = \lim_{n \to \infty}\left\{\left(1+\frac{1}{n}\right)^n\right\}^{\frac{1}{2}} = e^{\frac{1}{2}} = \sqrt{e}.$

(5) $\displaystyle\lim_{t \to 0}\frac{\log(1+t)}{t} = \lim_{t \to 0}\left\{\frac{1}{t}\cdot\log(1+t)\right\} = \lim_{t \to 0}\log(1+t)^{\frac{1}{t}} = \log e = 1.$

(6) $t = e^h - 1$ とおくと，$h \to 0$ のとき $t \to 0$ となり，$h = \log(1+t)$ であるので，
$$\lim_{h \to 0}\frac{e^h-1}{h} = \lim_{t \to 0}\frac{t}{\log(1+t)}.$$

(5)より，$\displaystyle\lim_{t \to 0}\frac{\log(1+t)}{t} = 1$ であるから，
$$\lim_{t \to 0}\frac{t}{\log(1+t)} = \lim_{t \to 0}\frac{1}{\dfrac{\log(1+t)}{t}} = \frac{1}{1} = 1.$$

ゆえに，
$$\lim_{h \to 0}\frac{e^h-1}{h} = 1.$$

第5章 関数の極限

5-10 関数の連続性

要点

$$\lim_{x \to a} f(x) = f(a)$$

が成り立つとき，関数 $f(x)$ は $x=a$ で連続であるという．…(注)

ただし，a が定義域の左端の値のときは $\lim_{x \to a+0} f(x) = f(a)$，右端の値のときは $\lim_{x \to a-0} f(x) = f(a)$ が成り立てば，関数 $f(x)$ は $x=a$ で連続であるという．

(注) $f(x)$ が $x=a$ で連続であるかを調べるときは，

「$x \to a$ のとき $f(x)$ が収束する…①」，「$f(a)$ が存在する…②」

という2つのことが成り立つかを調べて，その後に

「$\lim_{x \to a} f(x) = f(a)$ …③」

が成り立つかを調べるとよい．なお，①，②，③のうち，成り立たないものが1つでもあるときは，$f(x)$ は $x=a$ で連続でない．

関連 → 5-04

参考 連続関数の例

定義域に属するすべての値で連続である関数を連続関数という．次に記す関数 $f(x)$ は，連続関数であることが知られている．

$$\begin{cases} 定数関数 : f(x) = k \, (k は定数), \\ f(x) = x^r \, (r は 0 でない定数), \\ 三角関数 : f(x) = \sin x, \, f(x) = \cos x, \, f(x) = \tan x, \\ 指数関数 : f(x) = a^x \, (a は 1 以外の正の定数), \\ 対数関数 : f(x) = \log_a x \, (a は 1 以外の正の定数), \\ 連続関数の合成関数 : g \circ f(x) \, (f(x), \, g(x) はいずれも連続関数) \end{cases}$$

一方，連続関数でない関数には，$f(x) = [x]$（$[x]$ は x を超えない最大の整数）などがある．

関連 → 5-05 (補足)

また，関数 $f(x)$，$g(x)$ がいずれも $x=a$ で連続であるとき，

$$f(x) + g(x), \, f(x) - g(x), \, f(x)g(x), \, \frac{f(x)}{g(x)} \, (ただし, \, g(a) \neq 0),$$

も $x=a$ で連続であることが，極限値の性質によりわかる．

関連 → 5-01

関数の連続性

例題

(1) $f(x) = |x|$ は $x = 0$ で連続であることを証明せよ.

(2) $f(x) = [x]$ は $x = 1$ で連続でないことを証明せよ. ただし, $[x]$ は x を超えない最大の整数を表す.

(3) 次の関数 $f(x)$ が $x = 0$ で連続であるように, 定数 a の値を定めよ.

$$f(x) = \begin{cases} \dfrac{\sin x}{x} & (x \neq 0 \text{ のとき}) \\ a & (x = 0 \text{ のとき}) \end{cases}$$

(4) 次の関数 $f(x)$ が $x = 1$ で連続であるように, 定数 k の値を定めよ.

$$f(x) = \begin{cases} x + k - 1 & (x < 1 \text{ のとき}) \\ x^2 + 2x - 3 & (x \geq 1 \text{ のとき}) \end{cases}$$

▶解答と解説

(1)
$$f(x) = \begin{cases} x & (x \geq 0 \text{ のとき}) \\ -x & (x < 0 \text{ のとき}) \end{cases}$$

より, $\lim_{x \to -0} f(x) = \lim_{x \to -0} (-x) = 0$, $\lim_{x \to +0} f(x) = \lim_{x \to +0} x = 0$ であるので, $\lim_{x \to 0} f(x) = 0$ である. また, $f(0) = 0$ である.

ゆえに, $\lim_{x \to 0} f(x) = f(0)$ が成り立つから, $f(x)$ は $x = 0$ で連続である.

(2) $0 \leq x < 1$ のとき $f(x) = 0$ であるから, $\lim_{x \to 1-0} f(x) = 0$.

$1 \leq x < 2$ のとき $f(x) = 1$ であるから, $\lim_{x \to 1+0} f(x) = 1$.

ゆえに, $\lim_{x \to 1} f(x)$ は存在しないから, $f(x)$ は $x = 1$ で連続でない.

(3) $\lim_{x \to 0} f(x) = \lim_{x \to 0} \dfrac{\sin x}{x} = 1$ である. また, $f(0) = a$ である.

したがって, $f(x)$ が $x = 0$ で連続であるような定数 a の値は, $a = 1$.

(4) $\lim_{x \to 1-0} f(x) = \lim_{x \to 1-0} (x + k - 1) = k$, $\lim_{x \to 1+0} f(x) = \lim_{x \to 1+0} (x^2 + 2x - 3) = 0$ より, $x \to 1$ のとき $f(x)$ が収束する条件は, $k = 0$.

このとき $\lim_{x \to 1} f(x) = 0$ であり, また, $f(1) = 1^2 + 2 \cdot 1 - 3 = 0$ であるから, $\lim_{x \to 1} f(x) = f(1)$ が成り立つので, $f(x)$ は $x = 1$ で連続である.

したがって, $f(x)$ が $x = 1$ で連続であるような定数 k の値は, $k = 0$.

(補足) 直感的には, **連続であるとは, グラフが途切れていないこと**である.

5-11 中間値の定理

要点

- 中間値の定理
  - → 関数 $f(x)$ は $a \leq x \leq b$ で連続(ただし,$a<b$ とする)で,$f(a) \neq f(b)$ を満たすとする.

    このとき,$f(a)$ と $f(b)$ の間の任意の値 k に対して,$f(c)=k$ を満たす実数 c が a と b の間に少なくとも一つ存在する. …(注1)

- 中間値の定理と方程式の実数解
  - → 関数 $f(x)$ は $a \leq x \leq b$ で連続(ただし,$a<b$ とする)であるとする.

    このとき,中間値の定理により,**$f(a)$ と $f(b)$ の一方が正で,他方が負ならば,方程式 $f(x)=0$ は a と b の間に少なくとも一つ実数解をもつ**ことがわかる.

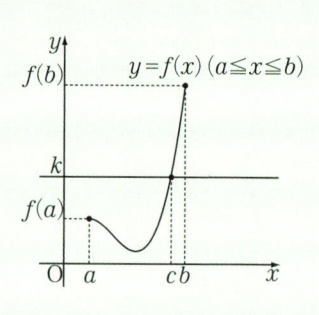

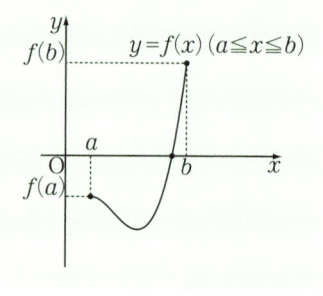

(注1) $f(x)$ は $a \leq x \leq b$ で連続である(ただし,$a<b$ とする)とし,$f(x)$ の $a \leq x \leq b$ における最大値を M,最小値を m とする. …(注2)

このとき,$m \neq M$ ならば,中間値の定理により,$m<k<M$ を満たす任意の k に対して,$f(c)=k$ を満たす実数 c が a と b の間に少なくとも一つ存在することがわかる.

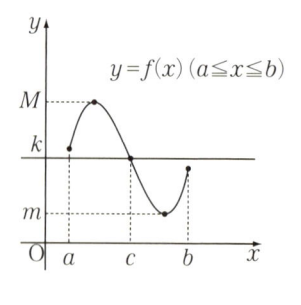

(注2) $f(x)$ が $a \leq x \leq b$ で連続であるとき,$f(x)$ は $a \leq x \leq b$ において最大値と最小値をもつことが知られている.

中間値の定理

例題

(1) xについての方程式$4^x+2x-2=0$が，0と1の間に実数解をもつことを証明せよ．

(2) xについての方程式$1-\sin x-x=0$が，0とπの間に実数解をもつことを証明せよ．必要ならば$\pi>3$であることを利用せよ．

▶解答と解説

(1) $f(x)=4^x+2x-2$とおくと，$f(x)$は$0\leqq x\leqq 1$で連続である．

ここで，$f(0)=4^0+2\cdot0-2=1+0-2=-1$より，$f(0)<0$.

また，$f(1)=4^1+2\cdot1-2=4+2-2=4$より，$f(1)>0$.

ゆえに，中間値の定理より，$4^x+2x-2=0$は0と1の間に実数解をもつ．

(2) $f(x)=1-\sin x-x$とおくと，$f(x)$は$0\leqq x\leqq\pi$で連続である．

ここで，$f(0)=1-\sin 0-0=1-0+0=1$より，$f(0)>0$.

また，$f(\pi)=1-\sin\pi-\pi=1-0-\pi=1-\pi$であるから，$\pi>3$より$f(\pi)<0$.

ゆえに，中間値の定理より，$1-\sin x-x=0$は0とπの間に実数解をもつ．

6-01

微分可能と微分係数

要点

関数 $f(x)$ とその定義域に属する値 a に対して，**極限値**
$$\lim_{h \to 0} \frac{f(a+h)-f(a)}{h}$$
が存在するとき，$f(x)$ は $x=a$ で微分可能であるといい，その極限値を $f'(a)$ と表す．…(注)

なお，関数 $f(x)$ が $x=a$ で微分可能であるとき，
$$f'(a) = \lim_{h \to 0} \frac{f(a+h)-f(a)}{h}$$
において，$x=a+h$ とおくことにより，
$$f'(a) = \lim_{x \to a} \frac{f(x)-f(a)}{x-a}$$
となる．$f'(a)$ については，この2通りの表し方をおさえておくとよい．

また，**$f'(a)$ を $f(x)$ の $x=a$ における微分係数という．**

(注) $f'(a)$ は，曲線 $y=f(x)$ の点 $(a, f(a))$ における接線の傾きである．
すなわち，関数 $f(x)$ が $x=a$ で微分可能であるとは，曲線 $y=f(x)$ の点 $(a, f(a))$ における接線が存在するということを主張している．

> **参考** 微分可能と連続
>
> 関数 $f(x)$ が $x=a$ で微分可能であるとき，
> $$\lim_{x \to a} f(x) = \lim_{x \to a} \left\{ \frac{f(x)-f(a)}{x-a} \cdot (x-a) + f(a) \right\} = f'(a) \cdot 0 + f(a) = f(a)$$
> となるので，関数 $f(x)$ は $x=a$ で連続である．
> したがって，関数 $f(x)$ が
> > $x=a$ で**微分可能である** ならば $x=a$ で**連続である**．
>
> ただし，関数 $f(x)$ が
> > $x=a$ で連続である ならば $x=a$ で微分可能である
>
> は偽である（例えば，$f(x)=|x|$ は $x=0$ で連続であるが，$x=0$ で微分可能でない）．
>
> 関連 → **5-10** 例題 (1)，**6-01** 例題 (1)

微分可能と微分係数

● 例題

(1) $f(x)=|x|$ は $x=0$ で微分可能でないことを証明せよ．

(2) 次の関数 $g(x)$ は $x=1$ で微分可能であることを証明せよ．
$$g(x) = \begin{cases} x^2 & (x<1 \text{のとき}) \\ 2x-1 & (x\geqq 1 \text{のとき}) \end{cases}$$

(3) $f(x)=\sqrt{x}$ のとき，微分係数 $f'(1)$ を定義にしたがって求めよ．

▶ 解答と解説

(1)
$$f(x) = \begin{cases} x & (x\geqq 0 \text{のとき}) \\ -x & (x<0 \text{のとき}) \end{cases}$$

より，
$$\lim_{h\to -0}\frac{f(0+h)-f(0)}{h}=\lim_{h\to -0}\frac{-h-0}{h}=\lim_{h\to -0}(-1)=-1,$$
$$\lim_{h\to +0}\frac{f(0+h)-f(0)}{h}=\lim_{h\to +0}\frac{h-0}{h}=\lim_{h\to +0}1=1.$$

ゆえに，$\displaystyle\lim_{h\to 0}\frac{f(0+h)-f(0)}{h}$ は存在しないから，$f(x)$ は $x=0$ で微分可能でない．

(2) $\displaystyle\lim_{h\to -0}\frac{g(1+h)-g(1)}{h}=\lim_{h\to -0}\frac{(1+h)^2-1^2}{h}=\lim_{h\to -0}(2+h)=2,$

$\displaystyle\lim_{h\to +0}\frac{g(1+h)-g(1)}{h}=\lim_{h\to +0}\frac{\{2(1+h)-1\}-(2\cdot 1-1)}{h}=\lim_{h\to +0}2=2.$

ゆえに，$\displaystyle\lim_{h\to 0}\frac{g(1+h)-g(1)}{h}=2$ であるから，$g(x)$ は $x=1$ で微分可能である．

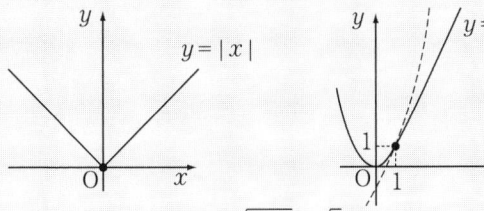

(3) $\displaystyle\lim_{h\to 0}\frac{f(1+h)-f(1)}{h}=\lim_{h\to 0}\frac{\sqrt{1+h}-\sqrt{1}}{h}=\lim_{h\to 0}\frac{1}{\sqrt{1+h}+\sqrt{1}}=\frac{1}{2}$

より，$f'(1)=\dfrac{1}{2}$．

(補足) 直感的には，**微分可能であるとは，グラフが滑らかであること**（途切れたり尖ったりしていないこと）である．

6-02 導関数の定義

■ 要点

関数 $f(x)$ に対して,
$$f'(x) = \lim_{h \to 0} \frac{f(x+h) - f(x)}{h}$$
を $f(x)$ の**導関数**といい, $f'(x)$ を求めることを $f(x)$ を**微分する**という.

なお, $f'(x)$ は「$f(x)$ の定義域に属し, かつ, $f(x)$ が微分可能である実数 x」に対して定義される. …(注1)

また, $f(x)$ が定義域内のすべての値で微分可能であることを, $f(x)$ は**微分可能**であるという. …(注釈)

なお, $f(x)$ の導関数は $\{f(x)\}'$, $\dfrac{d}{dx}f(x)$ と表されることもある. また, y が x の関数であるとき, y の導関数を y', $\dfrac{dy}{dx}$ などと表す. …(注2)

(注1) a を $f'(x)$ の定義域に属する値とするとき, $f'(x)$ に $x = a$ を代入することで, 微分係数 $f'(a)$ が求められる.

(注2) 次のように覚えておくとよい.

- $f(\square)$ の導関数を $\dfrac{d}{d\square}f(\square)$ と表す.
- $\triangle$ が $\square$ の関数であるとき, $\triangle$ の導関数を $\dfrac{d\triangle}{d\square}$ と表す.

また, $\dfrac{d\triangle}{d\square}$ を求めることを「$\triangle$ を $\square$ で微分する」, 「$\triangle$ を $\square$ で微分する」などという.

(注釈) 以後, 本書で扱う関数で, 特に何の断りもなく微分されているものは, 微分可能である(あるいは, 定義域内の微分可能な範囲において微分されている)ことを, 前もって認めているものとする.

例題

次の関数 $f(x)$ を定義にしたがって微分せよ．ただし，$\log x$ は自然対数である．

(1) $f(x) = \sqrt{x}$ 　　(2) $f(x) = \sin x$ 　　(3) $f(x) = \log x$

▶**解答と解説**

(1) $\displaystyle f'(x) = \lim_{h \to 0} \frac{f(x+h) - f(x)}{h} = \lim_{h \to 0} \frac{\sqrt{x+h} - \sqrt{x}}{h}$
$\displaystyle = \lim_{h \to 0} \frac{(\sqrt{x+h} - \sqrt{x})(\sqrt{x+h} + \sqrt{x})}{h(\sqrt{x+h} + \sqrt{x})} = \lim_{h \to 0} \frac{h}{h(\sqrt{x+h} + \sqrt{x})}$
$\displaystyle = \lim_{h \to 0} \frac{1}{\sqrt{x+h} + \sqrt{x}} = \frac{1}{2\sqrt{x}}.$

(2) $\displaystyle f'(x) = \lim_{h \to 0} \frac{f(x+h) - f(x)}{h} = \lim_{h \to 0} \frac{\sin(x+h) - \sin x}{h}$
$\displaystyle = \lim_{h \to 0} \frac{(\sin x \cos h + \cos x \sin h) - \sin x}{h}$
$\displaystyle = \lim_{h \to 0} \left\{ (-\sin x) \cdot \frac{1 - \cos h}{h} + (\cos x) \cdot \frac{\sin h}{h} \right\}$
$\displaystyle = \lim_{h \to 0} \left\{ (-\sin x) \cdot \frac{(1 - \cos h)(1 + \cos h)}{h(1 + \cos h)} + (\cos x) \cdot \frac{\sin h}{h} \right\}$
$\displaystyle = \lim_{h \to 0} \left\{ (-\sin x) \cdot \frac{1 - \cos^2 h}{h} \cdot \frac{1}{1 + \cos h} + (\cos x) \cdot \frac{\sin h}{h} \right\}$
$\displaystyle = \lim_{h \to 0} \left\{ (-\sin x) \cdot \frac{\sin^2 h}{h} \cdot \frac{1}{1 + \cos h} + (\cos x) \cdot \frac{\sin h}{h} \right\}$
$\displaystyle = \lim_{h \to 0} \left\{ (-\sin x) \cdot \left(\frac{\sin h}{h}\right)^2 \cdot h \cdot \frac{1}{1 + \cos h} + (\cos x) \cdot \frac{\sin h}{h} \right\}$
$\displaystyle = (-\sin x) \cdot 1^2 \cdot 0 \cdot \frac{1}{1+1} + (\cos x) \cdot 1 = \cos x.$

(3) $\displaystyle f'(x) = \lim_{h \to 0} \frac{f(x+h) - f(x)}{h} = \lim_{h \to 0} \frac{\log(x+h) - \log x}{h}$
$\displaystyle = \lim_{h \to 0} \frac{1}{h} \log \frac{x+h}{x} = \lim_{h \to 0} \frac{1}{h} \log \left(1 + \frac{h}{x}\right)$
$\displaystyle = \lim_{h \to 0} \left\{ \frac{1}{x} \cdot \frac{x}{h} \log \left(1 + \frac{h}{x}\right) \right\} = \lim_{h \to 0} \frac{1}{x} \log \left(1 + \frac{h}{x}\right)^{\frac{x}{h}}.$

ここで，$y = \log x$ の定義域が $x > 0$ であることから，$h \to 0$ のとき $\dfrac{h}{x} \to 0$ であるので，$f'(x) = \dfrac{1}{x} \cdot \log e = \dfrac{1}{x}.$

第6章　微　分　法

6-03 導関数の公式

要点

導関数の定義から，xで微分したときに成り立つ等式として，次の公式が導かれる．

- 実数倍の微分，和・差の微分．
  → $\{kf(x)\}' = kf'(x)$ （kは定数），
  $\{f(x) \pm g(x)\}' = f'(x) \pm g'(x)$ （複号同順）．

- 積の微分，商の微分．
  → $\{f(x)g(x)\}' = f'(x)g(x) + f(x)g'(x)$,
  $\left\{\dfrac{f(x)}{g(x)}\right\}' = \dfrac{f'(x)g(x) - f(x)g'(x)}{\{g(x)\}^2}$.

- 定数関数の微分．
  → $(k)' = 0$（kは定数）．

- x^n の微分．
  → $(x^n)' = nx^{n-1}$（nは整数の定数）．

- 三角関数の微分．
  → $(\sin x)' = \cos x$, $(\cos x)' = -\sin x$,
  $(\tan x)' = \dfrac{1}{\cos^2 x}$, $\left(\dfrac{1}{\tan x}\right)' = -\dfrac{1}{\sin^2 x}$.

- 指数関数の微分．…(注1)
  → $(e^x)' = e^x$, $(a^x)' = a^x \log a$（aは1でない正の定数）．

- 対数関数の微分．…(注2)
  → $(\log x)' = \dfrac{1}{x}$, $(\log_a x)' = \dfrac{1}{x \log a}$（$a$は1でない正の定数），
  $(\log |x|)' = \dfrac{1}{x}$, $(\log_a |x|)' = \dfrac{1}{x \log a}$（$a$は1でない正の定数）．

(注1) eは自然対数の底である．

(注2) $\log x$ および $\log a$ は自然対数である．

関連 → 5-09

例題

次の関数 $f(x)$ の導関数を求めよ.

(1) $f(x) = (3x^2 + 3x + 1)(x^4 + 1)$

(2) $f(x) = \dfrac{3x-2}{x-2}$

(3) $f(x) = \dfrac{2x^3 - x + 3}{x^2}$

(4) $f(x) = \sin x \cos x$

(5) $f(x) = e^x \sin x$

(6) $f(x) = e^x \cos x$

(7) $f(x) = x \log x - x$

(8) $f(x) = \dfrac{\log x}{x}$

▶解答と解説

(1) $f'(x) = (3x^2 + 3x + 1)'(x^4 + 1) + (3x^2 + 3x + 1)(x^4 + 1)'$
$= (6x + 3)(x^4 + 1) + (3x^2 + 3x + 1) \cdot 4x^3 = 18x^5 + 15x^4 + 4x^3 + 6x + 3.$

(2) $f'(x) = \dfrac{(3x-2)'(x-2) - (3x-2)(x-2)'}{(x-2)^2} = \dfrac{3(x-2) - (3x-2) \cdot 1}{(x-2)^2}$
$= \dfrac{-4}{(x-2)^2} = -\dfrac{4}{(x-2)^2}.$

(3) $f(x) = \dfrac{2x^3 - x + 3}{x^2} = \dfrac{2x^3}{x^2} - \dfrac{x}{x^2} + \dfrac{3}{x^2} = 2x - \dfrac{1}{x} + \dfrac{3}{x^2} = 2x - x^{-1} + 3x^{-2}$

より, $f'(x) = 2 - (-1) \cdot x^{-2} + 3 \cdot (-2) \cdot x^{-3} = 2 + \dfrac{1}{x^2} - \dfrac{6}{x^3}.$ …(補足)

(4) $f'(x) = (\sin x)'(\cos x) + (\sin x)(\cos x)'$
$= (\cos x) \cdot (\cos x) + (\sin x) \cdot (-\sin x) = \cos^2 x - \sin^2 x.$

(5) $f'(x) = (e^x)'(\sin x) + (e^x)(\sin x)' = e^x \sin x + e^x \cos x = e^x (\sin x + \cos x).$

(6) $f'(x) = (e^x)'(\cos x) + (e^x)(\cos x)' = e^x \cos x + e^x \cdot (-\sin x)$
$= e^x \cos x - e^x \sin x = -e^x \sin x + e^x \cos x = -e^x (\sin x - \cos x).$

(7) $f'(x) = (x)'(\log x) + x(\log x)' - 1$
$= 1 \cdot (\log x) + x \cdot \dfrac{1}{x} - 1 = \log x + 1 - 1 = \log x.$

(8) $f'(x) = \dfrac{(\log x)' x - (\log x)(x)'}{x^2} = \dfrac{\dfrac{1}{x} \cdot x - (\log x) \cdot 1}{x^2} = \dfrac{1 - \log x}{x^2}.$

(補足)　n が正の整数であるとき, $\dfrac{1}{x^n}$ は x^{-n} と変形してから微分するとよい.

さらに, (3)のように, 分数式は(分子の次数)<(分母の次数)を満たす分数のみで表されるように変形してから微分することも多く, (2)についても, $f(x) = 3 + \dfrac{4}{x-2}$ と変形してから $f(x)$ を微分してもよい.

関連 ➡ 3-01 (注3)

6-04 合成関数の微分

■ 要点

$$\{f(g(x))\}' = f'(g(x))g'(x) \quad \cdots (*)$$

が成り立つ．すなわち，$y = f(u)$，$u = g(x)$ のとき，

$$\frac{dy}{dx} = \frac{dy}{du} \cdot \frac{du}{dx}$$

が成り立つ．…(注)

(注) ある関数 $h(x)$ を x で微分する際に，

① $h(x)$ がある2つの関数 g と f の合成関数として $h(x) = f(g(x))$ と表され，

② $f(u)$ を u で微分するのに手間がかからない

場合は，合成関数の微分により，

③ $f(u)$ を u で微分した式 $f'(u)$ の u を $g(x)$ に変えて，

④ それによって得られた式 $f'(g(x))$ に $g'(x)$ をかける

ことにより，$h'(x)$ を求めることができる．

> **参考** $(*)$ が成り立つ理由
>
> $f(x)$，$g(x)$ はともに微分可能であるとする．$g(x)$ の定義域に属するすべての x について，「ある正の数 ε を適当に定めると，$-\varepsilon < h < \varepsilon$ を満たすすべての実数 h に対して $g(x+h) - g(x) \neq 0$」が成り立つとき，$(*)$ が成り立つ理由は次のように説明される．
>
> $g(x)$ は微分可能なので連続関数である．よって，$\lim_{h \to 0} g(x+h) = g(x)$ であるので，
>
> $$\begin{aligned} \{f(g(x))\}' &= \lim_{h \to 0} \frac{f(g(x+h)) - f(g(x))}{h} \\ &= \lim_{h \to 0} \left\{ \frac{f(g(x+h)) - f(g(x))}{g(x+h) - g(x)} \cdot \frac{g(x+h) - g(x)}{h} \right\} \\ &= f'(g(x))g'(x) \end{aligned}$$
>
> となる．

合成関数の微分

例題

次の関数 $f(x)$ の導関数を求めよ．

(1) $f(x) = (3x+2)^5$ 　　(2) $f(x) = e^{-x+3}$

(3) $f(x) = \cos(2x-3)$ 　　(4) $f(x) = \log|4x+1|$

(5) $f(x) = (x^2+3x-1)^4$ 　　(6) $f(x) = \sin^3 x$

(7) $f(x) = \tan^2 x$ 　　(8) $f(x) = (\log x)^4$

(9) $f(x) = \dfrac{1}{(3x^2-x+1)^8}$ 　　(10) $f(x) = \log(x^2+2x+2)$

(11) $f(x) = \log(e^x+e^{-x})$ 　　(12) $f(x) = \log|\log x|$

▶**解答と解説**

(1) $f'(x) = 5(3x+2)^4 \cdot (3x+2)' = 5(3x+2)^4 \cdot 3 = 15(3x+2)^4.$

(2) $f'(x) = e^{-x+3} \cdot (-x+3)' = e^{-x+3} \cdot (-1) = -e^{-x+3}.$

(3) $f'(x) = \{-\sin(2x-3)\} \cdot (2x-3)' = \{-\sin(2x-3)\} \cdot 2 = -2\sin(2x-3).$

(4) $f'(x) = \dfrac{1}{4x+1} \cdot (4x+1)' = \dfrac{1}{4x+1} \cdot 4 = \dfrac{4}{4x+1}.$

(5) $f'(x) = 4(x^2+3x-1)^3 \cdot (x^2+3x-1)'$
$\qquad = 4(x^2+3x-1)^3 \cdot (2x+3) = 4(2x+3)(x^2+3x-1)^3.$

(6) $\sin^3 x = (\sin x)^3$ であるから，
$\quad f'(x) = 3(\sin x)^2 \cdot (\sin x)' = 3(\sin x)^2 \cdot (\cos x) = 3\sin^2 x \cos x.$

(7) $\tan^2 x = (\tan x)^2$ であるから，
$\quad f'(x) = 2(\tan x) \cdot (\tan x)' = 2(\tan x) \cdot \dfrac{1}{\cos^2 x} = \dfrac{2\tan x}{\cos^2 x}.$

(8) $f'(x) = 4(\log x)^3 \cdot (\log x)' = 4(\log x)^3 \cdot \dfrac{1}{x} = \dfrac{4(\log x)^3}{x}.$

(9) $\dfrac{1}{(3x^2-x+1)^8} = (3x^2-x+1)^{-8}$ であるから，
$\quad f'(x) = -8(3x^2-x+1)^{-9} \cdot (3x^2-x+1)'$
$\qquad = -8(3x^2-x+1)^{-9} \cdot (6x-1) = -\dfrac{8(6x-1)}{(3x^2-x+1)^9}.$

(10) $f'(x) = \dfrac{1}{x^2+2x+2} \cdot (x^2+2x+2)' = \dfrac{1}{x^2+2x+2} \cdot (2x+2) = \dfrac{2(x+1)}{x^2+2x+2}.$

(11) $f'(x) = \dfrac{1}{e^x+e^{-x}} \cdot (e^x+e^{-x})' = \dfrac{1}{e^x+e^{-x}} \cdot (e^x-e^{-x}) = \dfrac{e^x-e^{-x}}{e^x+e^{-x}}.$

(12) $f'(x) = \dfrac{1}{\log x} \cdot (\log x)' = \dfrac{1}{\log x} \cdot \dfrac{1}{x} = \dfrac{1}{x\log x}.$

第6章 微分法

6-05

逆関数の微分・xの有理数乗の微分

■ 要点

・逆関数の微分

→ 関数 $f(x)$ の逆関数を $g(x)$ とする.

$y = f(x)$ を x で微分する際に,

(i) $g(y)$ を y で微分するのに手間がかからない

場合は,

(ii) $y = f(x)$ を x について解いて $x = g(y)$ とし,

(iii) $x = g(y)$ の両辺を x で微分して, ……(注1)

(iv) $\dfrac{dy}{dx}$ (すなわち $f'(x)$) を x の式で表す

ことにより, $f'(x)$ を求めることができる. ……(注2)

関連 → 6-05 例題1

・xの有理数乗の微分

→ p が有理数であるとき $(x^p)' = px^{p-1}$ が成り立つ.

関連 → 6-05 例題1

(注1)　y が x の関数である (つまり $y = f(x)$ と表される) とき, $g(y)$ を (つまり $g(f(x))$ を) x で微分すると, 合成関数の微分より

$$\frac{d}{dx} g(y) = \frac{d}{dy} g(y) \cdot \frac{dy}{dx} \text{ (つまり, } \{g(f(x))\}' = g'(f(x)) \cdot f'(x) \text{)}$$

となることに注意しておきたい.

例えば, y が x の関数であるとき, y^4 を x で微分すると,

$$\frac{d}{dx} y^4 = \frac{d}{dy} y^4 \cdot \frac{dy}{dx}$$
$$= 4y^3 \cdot \frac{dy}{dx}$$

となる.

関連 → 6-05 例題2(2)

(注2)　このことから, $\dfrac{dy}{dx} = \dfrac{1}{\dfrac{dx}{dy}}$ が成り立つことがわかる.

逆関数の微分・xの有理数乗の微分

● 例題 1

(1) $y = x^{\frac{1}{4}}$ を x について解け.

(2) (1)で x について解いた式の両辺を x で微分して得られる等式を記せ.

(3) $y = x^{\frac{1}{4}}(x>0)$ について,(2)の結果を利用して,$\dfrac{dy}{dx}$ を x の式で表せ.

(4) $f(x) = x^{\frac{5}{4}}(x>0)$ とする.(3)の結果と合成関数の微分を利用して,$f(x)$ の導関数を求めよ.

▶解答と解説

(1) $y = x^{\frac{1}{4}}$ の両辺を4乗することにより,$x = y^4$.

(2) $x = y^4$ の両辺を x で微分すると,$1 = 4y^3 \cdot \dfrac{dy}{dx}$.

(3) $y = x^{\frac{1}{4}}(x>0)$ より $4y^3 \neq 0$ であるから,$1 = 4y^3 \cdot \dfrac{dy}{dx}$ より,$\dfrac{dy}{dx} = \dfrac{1}{4y^3}$.

$y = x^{\frac{1}{4}}$ を代入すると,$\dfrac{dy}{dx} = \dfrac{1}{4\left(x^{\frac{1}{4}}\right)^3}$,すなわち,$\dfrac{dy}{dx} = \dfrac{1}{4}x^{-\frac{3}{4}}$.

(4) (3)より,$\left(x^{\frac{1}{4}}\right)' = \dfrac{1}{4}x^{-\frac{3}{4}}$ である.このことと $f(x) = \left(x^{\frac{1}{4}}\right)^5$ より,

$f'(x) = 5\left(x^{\frac{1}{4}}\right)^4 \cdot \left(x^{\frac{1}{4}}\right)' = 5x \cdot \dfrac{1}{4}x^{-\frac{3}{4}} = \dfrac{5}{4}x^{\frac{1}{4}}$. ……(補足)

(補足) ● 例題1と同様の方法で,$(x^p)' = px^{p-1}$(p は有理数)を示すことができる.

● 例題 2

$(x^p)' = px^{p-1}$(p は有理数)を利用して,次の関数 $f(x)$ の導関数を求めよ.

(1) $f(x) = \sqrt{x}$ (2) $f(x) = \sqrt[3]{x^5}$ (3) $f(x) = \sqrt{1-x^2}$

▶解答と解説

(1) $f(x) = x^{\frac{1}{2}}$ より,$f'(x) = \dfrac{1}{2}x^{\frac{1}{2}-1} = \dfrac{1}{2}x^{-\frac{1}{2}}\left(= \dfrac{1}{2\sqrt{x}}\right)$.

(2) $f(x) = (x^5)^{\frac{1}{3}} = x^{\frac{5}{3}}$ より,$f'(x) = \dfrac{5}{3}x^{\frac{5}{3}-1} = \dfrac{5}{3}x^{\frac{2}{3}}\left(= \dfrac{5\sqrt[3]{x^2}}{3}\right)$.

(3) $f(x) = (1-x^2)^{\frac{1}{2}}$ より,

$f'(x) = \dfrac{1}{2}(1-x^2)^{-\frac{1}{2}} \cdot (1-x^2)' = \dfrac{1}{2} \cdot \dfrac{1}{(1-x^2)^{\frac{1}{2}}} \cdot (-2x) = -\dfrac{x}{\sqrt{1-x^2}}$.

6-06

曲線の方程式と微分（陰関数の微分）

■ 要点

$x^2+y^2=1$, $xy-1=0$ のように…(注1)，$y=(x$の式$)$ と表されていない曲線の方程式において，$\dfrac{dy}{dx}$ を求めるときは，

y を x の関数とみなして両辺を x で微分する　…(注2)

ことにより，$\dfrac{dy}{dx}$ を x と y の式で表すことができる．

(注1) 　x の値を一つ定めると y の値が定まるという対応を表す式が，$(x$ と y の式$)=0$ と表される場合，この対応を（x の値によって定まる y の値が x を用いた式により明示されていないという意味で）陰関数という．

(注2) 　$x^2+y^2=1$ において，x の値を一つ定めたとき，それに応じて定まる y の値はただ一つではないので，「y は x の関数である」とはいえない．

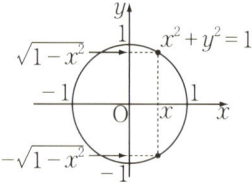

しかし，$y \geqq 0$ の場合，$x^2+y^2=1$ を y について解くと，$y=\sqrt{1-x^2}$ となるので，「y は x の関数である」といえる．

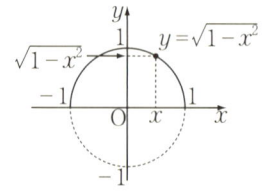

このように，「y は x の関数である」とはいえないものでも，x や y の範囲を適当に定めることで，y を x の関数とみなすことができるものがある．

関連 → 3-03 参考

曲線の方程式と微分(陰関数の微分)

● 例題 1

(1) $y>0$ とする. $x^2+y^2=1$ を y について解き, $\dfrac{dy}{dx}$ を x の式で表せ.

(2) $y<0$ とする. $x^2+y^2=1$ を y について解き, $\dfrac{dy}{dx}$ を x の式で表せ.

(3) $y\neq 0$ とする. $x^2+y^2=1$ について, y を x の関数とみなして両辺を x で微分することにより, $\dfrac{dy}{dx}$ を x と y の式で表せ.

▶解答と解説

(1) $y>0$ より, $x^2+y^2=1$ を y について解くと, $y=\sqrt{1-x^2}$ である.

ゆえに, $\dfrac{dy}{dx} = \dfrac{1}{2\sqrt{1-x^2}} \cdot (1-x^2)' = \dfrac{1}{2\sqrt{1-x^2}} \cdot (-2x) = -\dfrac{x}{\sqrt{1-x^2}}$.

(2) $y<0$ より, $x^2+y^2=1$ を y について解くと, $y=-\sqrt{1-x^2}$ である.

ゆえに, $\dfrac{dy}{dx} = -\dfrac{1}{2\sqrt{1-x^2}} \cdot (1-x^2)' = -\dfrac{1}{2\sqrt{1-x^2}} \cdot (-2x) = \dfrac{x}{\sqrt{1-x^2}}$.

(3) $x^2+y^2=1$ の両辺を x で微分すると,
$$2x+2y\cdot\dfrac{dy}{dx}=0 \quad \cdots \text{(補足1)}$$
であり, $y\neq 0$ であるから, $\dfrac{dy}{dx}=-\dfrac{x}{y}$. …(補足2)

(補足1) y を x の関数とみなして両辺を x で微分することに注意しておきたい.

関連 → 6-05 (注1)

(補足2) もちろん, (3)の結果と(1), (2)の結果は一致する.

● 例題 2

$\dfrac{x^2}{6}+\dfrac{y^2}{3}=1\,(y\neq 0)$ において, $\dfrac{dy}{dx}$ を x と y の式で表せ.

▶解答と解説

$\dfrac{x^2}{6}+\dfrac{y^2}{3}=1$ の両辺を x で微分すると, $\dfrac{x}{3}+\dfrac{2y}{3}\cdot\dfrac{dy}{dx}=0$.

$y\neq 0$ であるから, $\dfrac{dy}{dx}=-\dfrac{x}{2y}$.

6-07 媒介変数表示と微分

■ 要点

x と y がそれぞれ t の関数として

$$\begin{cases} x = f(t) \\ y = g(t) \end{cases}$$

と表されるとき,

$$\frac{dy}{dx} = \frac{\dfrac{dy}{dt}}{\dfrac{dx}{dt}} \quad \cdots (*)$$

が成り立つ.

(関連)→ 2-05

参考 $(*)$ が成り立つ理由

$f(t)$ が逆関数をもつとき,$(*)$ が成り立つことは次のように示される.
$x = f(t)$ を t について解くと,$t = f^{-1}(x)$ であるから,

$$\begin{cases} x = f(t) \\ y = g(t) \end{cases}$$

により定まる点 (x, y) が描く曲線の方程式は $y = g(f^{-1}(x))$ となる.

したがって,合成関数の微分より $y' = g'(f^{-1}(x)) \cdot \{f^{-1}(x)\}'$,すなわち

$$\frac{dy}{dx} = \frac{dy}{dt} \cdot \frac{dt}{dx}$$

となる.

さらに,逆関数の微分より $\dfrac{dt}{dx} = \dfrac{1}{\dfrac{dx}{dt}} \quad \cdots (**)$ である.

(関連)→ 6-05

ゆえに,

$$\frac{dy}{dx} = \frac{dy}{dt} \cdot \frac{1}{\dfrac{dx}{dt}}.$$

したがって,$(*)$ が成り立つ.

媒介変数表示と微分

例題1

次の媒介変数表示について，$\dfrac{dy}{dx}$ を t の式で表せ．

$$\begin{cases} x = \sin t \\ y = \sin 2t \end{cases}$$

▶解答と解説

$\dfrac{dx}{dt} = \cos t,\ \dfrac{dy}{dt} = 2\cos 2t$ より，$\dfrac{dy}{dx} = \dfrac{2\cos 2t}{\cos t}$．

例題2

次の媒介変数表示について，$\dfrac{dy}{dx}$ を θ の式で表せ．

(1) $\begin{cases} x = \sqrt{6}\cos\theta \\ y = \sqrt{3}\sin\theta \end{cases}$

(2) $\begin{cases} x = \theta - \sin\theta \\ y = 1 - \cos\theta \end{cases}$

▶解答と解説

(1) $\dfrac{dx}{d\theta} = -\sqrt{6}\sin\theta,\ \dfrac{dy}{d\theta} = \sqrt{3}\cos\theta$ より，

$\dfrac{dy}{dx} = \dfrac{\sqrt{3}\cos\theta}{-\sqrt{6}\sin\theta} = -\dfrac{\cos\theta}{\sqrt{2}\sin\theta}$．

(2) $\dfrac{dx}{d\theta} = 1 - \cos\theta,\ \dfrac{dy}{d\theta} = \sin\theta$ より，$\dfrac{dy}{dx} = \dfrac{\sin\theta}{1 - \cos\theta}$．

第6章 微分法

6-08

対数微分法

■ 要点

関数 $f(x)$ において，

(i) $y=f(x)$ を $\log y = \log f(x) \cdots (*)$ と変形し，…(注1)

(ii) $(*)$ の両辺を x で微分する …(注2)

ことにより，$f(x)$ の導関数を求めることができる．…(注3)

(注1) y が負の値をとることがあるときは，$y=f(x)$ を $\log|y| = \log|f(x)|$ と変形する．

(注2) y を x の関数とみなして両辺を x で微分することに注意しておきたい．

関連 ➡ 6-05 (注1)

(注3) $f(x)$ が $\{g(x)\}^{h(x)}$ と表される関数であるときや，複雑な分数式で表される関数であるときは，この方法で $f(x)$ の導関数を求めるとよい．

対数微分法

例題

次の関数の導関数 y' を x の式で表せ．ただし，α は実数の定数とする．

(1) $y = x^\alpha$ $(x>0)$　　　(2) $y = x^x$ $(x>0)$　　　(3) $y = \dfrac{x(x+1)^5}{(x-2)^3}$

▶解答と解説

(1) $y = x^\alpha$ $(x>0)$ より，$\log y = \log x^\alpha$．すなわち，$\log y = \alpha \log x$．

両辺を x で微分すると，$\dfrac{1}{y} \cdot y' = \alpha \cdot \dfrac{1}{x}$．したがって，$y' = \alpha \cdot \dfrac{1}{x} \cdot y$．

$y = x^\alpha$ より，$y' = \alpha \cdot \dfrac{1}{x} \cdot x^\alpha$．すなわち，$y = \alpha x^{\alpha-1}$．　…(補足1)

(2) $y = x^x$ $(x>0)$ より，$\log y = \log x^x$．すなわち，$\log y = x \log x$．

両辺を x で微分すると，$\dfrac{1}{y} \cdot y' = 1 \cdot \log x + x \cdot \dfrac{1}{x}$．

ゆえに，$\dfrac{1}{y} \cdot y' = \log x + 1$．したがって，$y' = y(\log x + 1)$．

$y = x^x$ より，$y' = x^x(\log x + 1)$．　…(補足2)

(3) $y = \dfrac{x(x+1)^5}{(x-2)^3}$ より，$\log |y| = \log \left| \dfrac{x(x+1)^5}{(x-2)^3} \right|$．

すなわち，$\log |y| = \log \dfrac{|x||x+1|^5}{|x-2|^3}$．

右辺を変形すると，$\log |y| = \log |x| + 5 \log |x+1| - 3 \log |x-2|$．

両辺を x で微分すると，$\dfrac{1}{y} \cdot y' = \dfrac{1}{x} + 5 \cdot \dfrac{1}{x+1} - 3 \cdot \dfrac{1}{x-2}$．

ゆえに，$\dfrac{1}{y} \cdot y' = \dfrac{3x^2 - 14x - 2}{x(x+1)(x-2)}$．したがって，$y' = \dfrac{3x^2 - 14x - 2}{x(x+1)(x-2)} \cdot y$．

$y = \dfrac{x(x+1)^5}{(x-2)^3}$ より，$y' = \dfrac{3x^2 - 14x - 2}{x(x+1)(x-2)} \cdot \dfrac{x(x+1)^5}{(x-2)^3}$．

すなわち，$y' = \dfrac{(3x^2 - 14x - 2)(x+1)^4}{(x-2)^4}$．

(補足1)　これより，**α が実数であるとき，$(x^\alpha)' = \alpha x^{\alpha-1}$ が成り立つ**．

(補足2)　$x > 0$ のとき，対数の定義より $x = e^{\log x}$ が成り立つことから，

(2)では次のようにして y' を求めることもできる．

$y' = (x^x)' = \{(e^{\log x})^x\}' = (e^{x \log x})'$
$= e^{x \log x} \cdot (x \log x)' = (e^{\log x})^x \cdot \left(1 \cdot \log x + x \cdot \dfrac{1}{x}\right) = x^x (\log x + 1)$．

第6章 微分法

6-09 高次導関数

■ 要点

関数 $f(x)$ に対して，$f'(x)$ を $f(x)$ の第 1 次導関数という．また，$f'(x)$ の導関数を $f''(x)$ と表し，$f''(x)$ を $f(x)$ の第 2 次導関数という．

なお，$f'(x)$ を求めることを $f(x)$ を 1 回微分する，$f''(x)$ を求めることを $f(x)$ を 2 回微分する，ということがある．

一般に，**$f(x)$ を n 回微分して得られる関数を $f^{(n)}(x)$ と表し，$f^{(n)}(x)$ を $f(x)$ の第 n 次導関数という**．…(注)

なお，$f(x)$ の第 n 次導関数は，$\{f(x)\}^{(n)}$，$\dfrac{d^n}{dx^n}f(x)$ と表されることもあり，y が x の関数であるとき，y の第 n 次導関数を $y^{(n)}$，$\dfrac{d^n y}{dx^n}$ などと表す．

高次導関数

例題1

次の関数 $f(x)$ において，$f'(x)$ と $f''(x)$ を求めよ．

(1) $f(x) = \dfrac{\log x}{x}$ （2） $f(x) = x + 1 + \dfrac{1}{x-1}$

▶解答と解説

(1) $f'(x) = \dfrac{\dfrac{1}{x} \cdot x - (\log x) \cdot 1}{x^2} = \dfrac{1 - \log x}{x^2}$.

$f''(x) = \dfrac{-\dfrac{1}{x} \cdot x^2 - (1 - \log x) \cdot 2x}{(x^2)^2} = \dfrac{x(2\log x - 3)}{x^4} = \dfrac{2\log x - 3}{x^3}$.

(2) $f'(x) = 1 - \dfrac{1}{(x-1)^2} = \dfrac{(x-1)^2}{(x-1)^2} - \dfrac{1}{(x-1)^2} = \dfrac{(x-1)^2 - 1}{(x-1)^2} = \dfrac{x(x-2)}{(x-1)^2}$.

$f'(x) = 1 - \dfrac{1}{(x-1)^2}$ より，$f''(x) = \dfrac{2}{(x-1)^3}$.

例題2

$f(x) = \sin x$ とする．すべての正の整数 n に対して，

$$f^{(n)}(x) = \sin\left(x + \dfrac{n}{2}\pi\right) \quad \cdots(*)$$

が成り立つことを，数学的帰納法によって証明せよ．

なお，必要であれば $\cos\theta = \sin\left(\theta + \dfrac{\pi}{2}\right)$ が成り立つことを利用せよ．

▶解答と解説

$f'(x) = \cos x = \sin\left(x + \dfrac{\pi}{2}\right)$ であるから，$n = 1$ のとき $(*)$ は成り立つ．

$n = k$（k は正の整数）のとき $(*)$ が成り立つと仮定すると，

$$f^{(k)}(x) = \sin\left(x + \dfrac{k}{2}\pi\right)$$

であるので，

$$f^{(k+1)}(x) = \{f^{(k)}(x)\}' = \cos\left(x + \dfrac{k}{2}\pi\right)$$
$$= \sin\left\{\left(x + \dfrac{k}{2}\pi\right) + \dfrac{\pi}{2}\right\} = \sin\left(x + \dfrac{k+1}{2}\pi\right)$$

となる．ゆえに，$(*)$ は $n = k + 1$ のときも成り立つ．

したがって，すべての正の整数 n に対して，$(*)$ は成り立つ．

6-10 接線と法線

■ 要点

関数 $y=f(x)$ のグラフ上の点 $(t, f(t))$ における接線の傾きは $f'(t)$ である. …(注)

したがって, $y=f(x)$ のグラフ上の点 $(t, f(t))$ における接線の方程式は
$$y-f(t)=f'(t)(x-t)$$
である.

また, 曲線上の点Pにおいて, 点Pにおける接線と直交する直線を, 点Pにおける法線という.

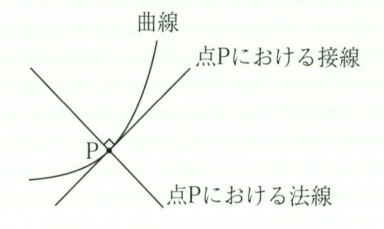

（図：曲線、点Pにおける接線、点Pにおける法線）

(注) さらに, xy 平面上の曲線 C について, 次のことが成り立つ.

(i) C において, $\dfrac{dy}{dx}=(x と y の式)$ と表されているとき

→ C 上の点 (x_0, y_0) における接線の傾きは, $\dfrac{dy}{dx}$ に $x=x_0$, $y=y_0$ を代入した値に等しい.

関連 → 6-06

(ii) C 上の点 (x, y) が t を媒介変数として
$$\begin{cases} x=f(t) \\ y=g(t) \end{cases}$$
と定められているとき

→ $t=t_0$ により定まる C 上の点における接線の傾きは, $\dfrac{dy}{dx}$ に $t=t_0$ を代入した値に等しい.

関連 → 6-07

接線と法線

● 例題

(1) $y=e^x$ のグラフ上の点 $(0, 1)$ における接線を ℓ，法線を m とする．ℓ の方程式と m の方程式をそれぞれ求めよ．

(2) 曲線 $\dfrac{x^2}{6}+\dfrac{y^2}{3}=1$ 上の点 $(2, 1)$ における接線を ℓ_1 とする．ℓ_1 の方程式を求めよ．

(3) 曲線 C 上の点 (x, y) は媒介変数 t によって次のように与えられている．
$$\begin{cases} x=\sin t \\ y=\sin 2t \end{cases}$$
$t=\dfrac{\pi}{6}$ により定まる C 上の点 $\left(\dfrac{1}{2}, \dfrac{\sqrt{3}}{2}\right)$ における接線を ℓ_2 とする．ℓ_2 の方程式を求めよ．

▶ 解答と解説

(1) $f(x)=e^x$ とおくと，$f'(x)=e^x$．よって，ℓ の傾きは $f'(0)=1$．

ゆえに，ℓ の方程式は $y-1=1\cdot(x-0)$，すなわち，$y=x+1$．

また，$\ell\perp m$ より，m の傾きは -1．

ゆえに，m の方程式は $y-1=-1\cdot(x-0)$，すなわち，$y=-x+1$．

関連 → 6-13 例題（補足1）

(2) $\dfrac{x^2}{6}+\dfrac{y^2}{3}=1$ の両辺を x で微分すると，$\dfrac{x}{3}+\dfrac{2y}{3}\cdot\dfrac{dy}{dx}=0$．

これより，$y\neq 0$ のとき $\dfrac{dy}{dx}=-\dfrac{x}{2y}$．よって，$\ell_1$ の傾きは $-\dfrac{2}{2\cdot 1}=-1$．

ゆえに，ℓ_1 の方程式は $y-1=-1\cdot(x-2)$，すなわち，$y=-x+3$．

関連 → 2-04 例題

(3) $\dfrac{dx}{dt}=\cos t$，$\dfrac{dy}{dt}=2\cos 2t$ であるから，$\cos t\neq 0$ のとき $\dfrac{dy}{dx}=\dfrac{2\cos 2t}{\cos t}$．

よって，ℓ_2 の傾きは $\dfrac{2\cos\left(2\cdot\dfrac{\pi}{6}\right)}{\cos\dfrac{\pi}{6}}=\dfrac{2\cos\dfrac{\pi}{3}}{\cos\dfrac{\pi}{6}}=\dfrac{2\cdot\dfrac{1}{2}}{\dfrac{\sqrt{3}}{2}}=\dfrac{2\sqrt{3}}{3}$．

ゆえに，ℓ_2 の方程式は $y-\dfrac{\sqrt{3}}{2}=\dfrac{2\sqrt{3}}{3}\left(x-\dfrac{1}{2}\right)$，すなわち，
$$y=\dfrac{2\sqrt{3}}{3}x+\dfrac{\sqrt{3}}{6}.$$

関連 → 6-19

6-11 平均値の定理

■ 要点

$a<b$ とする．関数 $f(x)$ が $a \leqq x \leqq b$ で連続で，$a<x<b$ で微分可能であるならば，

$$\frac{f(b)-f(a)}{b-a}=f'(c) \quad \text{かつ} \quad a<c<b$$

を満たす実数 c が少なくとも一つ存在する． …(注)

(注) これを(ラグランジュの)平均値の定理という．

平均値の定理より，$y=f(x)$ のグラフ上に2点 $A(a, f(a))$，$B(b, f(b))$ をとったとき，**ABと平行で，$y=f(x)$ のグラフの $a<x<b$ の部分と接する直線が少なくとも一つ存在する**ことがわかる．

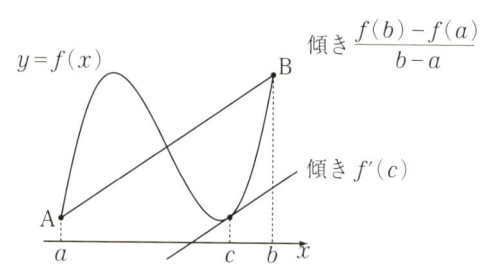

傾き $\dfrac{f(b)-f(a)}{b-a}$

傾き $f'(c)$

なお，平均値の定理は，$\dfrac{f(\square)-f(\triangle)}{\square-\triangle}$ **という形で表される式についての不等式を立てるとき**などによく用いられる．

例題

$x>0$ のとき，
$$\frac{1}{x+1}<\log(x+1)-\log x<\frac{1}{x}$$
が成り立つことを証明せよ．

▶解答と解説

$f(x)=\log x$ とおくと，平均値の定理より，
$$\frac{f(x+1)-f(x)}{(x+1)-x}=f'(c)\cdots① \quad かつ \quad x<c<x+1\cdots②$$
を満たす実数 c が少なくとも一つ存在する．

$f'(x)=\dfrac{1}{x}$ であるから，①より，$\log(x+1)-\log x=\dfrac{1}{c}\cdots①'$ が成り立つ．

また，$x>0$ であるから，②より，$\dfrac{1}{x+1}<\dfrac{1}{c}<\dfrac{1}{x}\cdots②'$ が成り立つ．

①'，②'より，
$$\frac{1}{x+1}<\log(x+1)-\log x<\frac{1}{x}$$
が成り立つ．

6-12 関数の増減と極値

■ 要点

(i) 関数の定義域

→ $\dfrac{g(x)}{f(x)}$ の定義域は $f(x) \neq 0$, $\sqrt{f(x)}$ の定義域は $f(x) \geqq 0$, $\log_a f(x)$ の定義域は $f(x) > 0$ である.

(ii) 関数の増減

→ $f'(x) > 0$ である区間では $f(x)$ は増加し, $f'(x) < 0$ である区間では $f(x)$ は減少することから, $f'(x)$ の正負により $f(x)$ の増減がわかる.

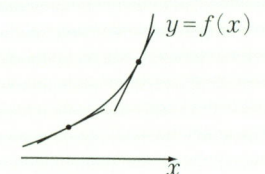

接線の傾き（つまり $f'(x)$）が正
$\Rightarrow f(x)$ は増加

接線の傾き（つまり $f'(x)$）が負
$\Rightarrow f(x)$ は減少

(iii) 関数の極値

→ 「$f(a)$ が $a-\varepsilon < x < a+\varepsilon$ における $f(x)$ の最大値になる」ような正の数 ε が存在するとき, $f(x)$ は $x=a$ で極大であるといい, $f(a)$ を $f(x)$ の極大値という. …(注)

「$f(a)$ が $a-\varepsilon < x < a+\varepsilon$ における $f(x)$ の最小値になる」ような正の数 ε が存在するとき, $f(x)$ は $x=a$ で極小であるといい, $f(a)$ を $f(x)$ の極小値という. …(注)

極大値と極小値をまとめて「極値」という.

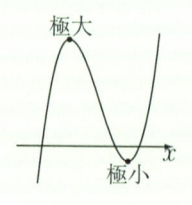

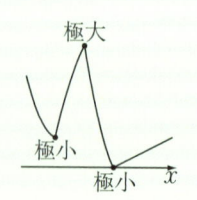

(注) $f(x)$ が微分可能で, $x=a$ で極値をとるとき, $f'(a) = 0$ が成り立つ.

関数の増減と極値

例題

(1) $f(x) = \dfrac{x^2}{x-1}$ の極大値と極小値を求めよ.

(2) $f(x) = e^x \sin x$ の $0 \leqq x \leqq 2\pi$ における最大値と最小値を求めよ.

▶解答と解説

(1) $f(x)$ の定義域は $x \neq 1$ である.

$$f(x) = \frac{(x+1)(x-1)+1}{x-1} = x+1+\frac{1}{x-1}$$ より, …(補足)

$$f'(x) = 1 - \frac{1}{(x-1)^2} = \frac{(x-1)^2}{(x-1)^2} - \frac{1}{(x-1)^2} = \frac{(x-1)^2-1}{(x-1)^2} = \frac{x(x-2)}{(x-1)^2}.$$

よって, $f(x)$ の増減は次のようになる.

x	…	0	…	1	…	2	…
$f'(x)$	+	0	−		−	0	+
$f(x)$	↗	0	↘		↘	4	↗

したがって,極大値は 0,極小値は 4.

関連 ➡ **6-15** 例題

(2) $f'(x) = e^x \sin x + e^x \cos x = e^x(\sin x + \cos x) = \sqrt{2}\, e^x \sin\left(x+\dfrac{\pi}{4}\right).$

よって, $f(x)$ の $0 \leqq x \leqq 2\pi$ における増減は次のようになる.

x	0	…	$\dfrac{3}{4}\pi$	…	$\dfrac{7}{4}\pi$	…	2π
$f'(x)$		+	0	−	0	+	
$f(x)$	0	↗	$\dfrac{e^{\frac{3}{4}\pi}}{\sqrt{2}}$	↘	$-\dfrac{e^{\frac{7}{4}\pi}}{\sqrt{2}}$	↗	0

したがって,最大値は $\dfrac{e^{\frac{3}{4}\pi}}{\sqrt{2}}$,最小値は $-\dfrac{e^{\frac{7}{4}\pi}}{\sqrt{2}}$.

(補足) 分数式は(分子の次数)<(分母の次数)を満たす分数のみで表されるように変形してから微分するとよい.

関連 ➡ **3-01** (注3)

第 6 章 微 分 法

6-13 関数の増減と不等式

■ 要点

次のようにして，不等式 $A(x) \geq B(x)$ が成り立つことを証明することができることがある．…(注)

(i) 関数 $A(x) - B(x)$ の増減を調べ，

(ii) $A(x) - B(x)$ のとる値の範囲を調べることで，

(iii) $A(x) - B(x) \geq 0$ であることが示され，

(iv) それにより，不等式 $A(x) \geq B(x)$ が成り立つことが証明される．

(注) 不等式に対しては，他にもさまざまなアプローチがある．

関連 → 6-11, 7-13

関数の増減と不等式

●例題
(1) $x>0$ のとき，$e^x>1+x$ が成り立つことを証明せよ．
(2) $x>0$ のとき，$e^x>1+x+\dfrac{x^2}{2}$ が成り立つことを証明せよ．
(3) $\displaystyle\lim_{x\to\infty}\dfrac{x}{e^x}=0$ が成り立つことを証明せよ．また，$\displaystyle\lim_{x\to\infty}\dfrac{\log x}{x}=0$ を求めよ．

▶解答と解説

(1) $f(x)=e^x-(1+x)$ とすると，$f'(x)=e^x-1$ であるから，$x>0$ のとき，$f'(x)>0$．よって，$x>0$ のとき，$f(x)$ は増加する．
このことと，$f(0)=0$ であることから，$x>0$ のとき，$f(x)>0$ となる．したがって，$x>0$ のとき，$e^x>1+x$ が成り立つ．…(補足1)

(2) $g(x)=e^x-\left(1+x+\dfrac{x^2}{2}\right)$ とすると，$g'(x)=e^x-(1+x)$．これと，(1)から，$x>0$ のとき，$g'(x)>0$．よって，$x>0$ のとき，$g(x)$ は増加する．
このことと，$g(0)=0$ であることから，$x>0$ のとき，$g(x)>0$ となる．したがって，$x>0$ のとき，$e^x>1+x+\dfrac{x^2}{2}$ が成り立つ．

(3) $x>0$ のとき，$\dfrac{x}{e^x}>0$ であることと，(2)から，$x>0$ のとき，
$$0<\dfrac{x}{e^x}<\dfrac{x}{1+x+\dfrac{x^2}{2}}$$
である．これと，$\displaystyle\lim_{x\to\infty}\dfrac{x}{1+x+\dfrac{x^2}{2}}=\lim_{x\to\infty}\dfrac{\dfrac{1}{x}}{\dfrac{1}{x^2}+\dfrac{1}{x}+\dfrac{1}{2}}=0$ より，$\displaystyle\lim_{x\to\infty}\dfrac{x}{e^x}=0$
が成り立つ．
また，$\displaystyle\lim_{x\to\infty}\dfrac{\log x}{x}$ において，$t=\log x$ とおくと，$x\to\infty$ のとき $t\to\infty$ となり，$x=e^t$ であるので，$\displaystyle\lim_{x\to\infty}\dfrac{\log x}{x}=\lim_{t\to\infty}\dfrac{t}{e^t}=0$．…(補足2)

(補足1) (1)から，$x>0$ において，$y=e^x$ のグラフは，直線 $y=x+1$ の上側にあることがわかる（実は，直線 $y=x+1$ は $y=e^x$ のグラフ上の点 $(0,1)$ における接線である）．

(補足2) (3)の結果は，$x\to\infty$ のとき，e^x は x より急速に増大し，x は $\log x$ より急速に増大することを意味している．

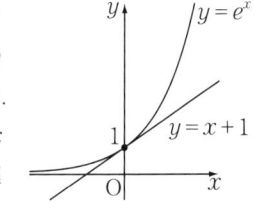

6-14 曲線の凹凸・関数のグラフと方程式の実数解

■要点

(i) 曲線の凹凸

→ 関数 $y=f(x)$ のグラフは

$f''(x)>0$ である区間では下に凸,

$f''(x)<0$ である区間では上に凸

であるから, $f''(x)$ の正負により $y=f(x)$ のグラフの凹凸がわかる.

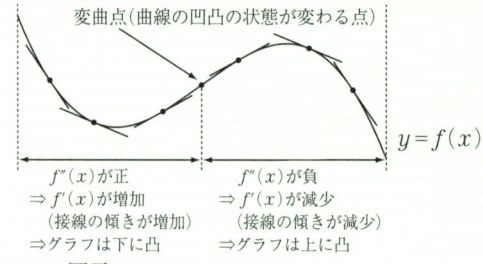

変曲点(曲線の凹凸の状態が変わる点)

$y=f(x)$

$f''(x)$ が正
⇒ $f'(x)$ が増加
　(接線の傾きが増加)
⇒ グラフは下に凸

$f''(x)$ が負
⇒ $f'(x)$ が減少
　(接線の傾きが減少)
⇒ グラフは上に凸

(ii) 関数のグラフの図示

→ 関数 $y=f(x)$ のグラフの概形は,

① $f(x)$ の定義域, 増減, $y=f(x)$ のグラフの凹凸を調べ,

② 必要があれば極限を求め, $f(x)$ がとりうる値の範囲を調べる

ことによって, 描くことができる. …(注)

関連 → 6-12

(iii) 関数のグラフと方程式の実数解

→ k を定数とする. このとき, x についての方程式 $f(x)=k$ の実数解は, $y=f(x)$ のグラフと直線 $y=k$ の共有点の x 座標である.

したがって, **x についての方程式 $f(x)=k$ の実数解の個数と, $y=f(x)$ のグラフと直線 $y=k$ の共有点の個数は等しい.**

(注) $f(x)$ の増減を調べただけでは,

　x が限りなく大きいときの $f(x)$ がとりうる値の範囲,

　x が限りなく小さいときの $f(x)$ がとりうる値の範囲,

　定義域に含まれない x の値の近くで $f(x)$ がとりうる値の範囲

はわからないので, これらは**極限**をとって調べる必要がある.

曲線の凹凸・関数のグラフと方程式の実数解

例題

(1) 増減と凹凸を調べて，関数 $y=\dfrac{\log x}{x}$ のグラフの概形を描け．必要ならば，$\displaystyle\lim_{x \to \infty}\dfrac{\log x}{x}=0$ であることを利用せよ．

(2) k を定数とする．x についての方程式 $\dfrac{\log x}{x}=k$ の実数解の個数を求めよ．

▶**解答と解説**

(1) $y=\dfrac{\log x}{x}$ の定義域は $x>0$ であり，$y'=\dfrac{\dfrac{1}{x}\cdot x-(\log x)\cdot 1}{x^2}=\dfrac{1-\log x}{x^2}$，

$$y''=\dfrac{-\dfrac{1}{x}\cdot x^2-(1-\log x)\cdot 2x}{(x^2)^2}=\dfrac{x(2\log x-3)}{x^4}=\dfrac{2\log x-3}{x^3}$$ である．

よって，増減と凹凸は次のようになる．

x	0	$\cdots$	e	$\cdots$	$e\sqrt{e}$	$\cdots$
y'		+	0	−		
y''		−		−	0	+
y		↗	$\dfrac{1}{e}$	↘	$\dfrac{3}{2e\sqrt{e}}$	↘

これと，$\displaystyle\lim_{x \to +0}y=\lim_{x \to +0}\left\{(\log x)\cdot\dfrac{1}{x}\right\}=-\infty$，$\displaystyle\lim_{x \to \infty}y=\lim_{x \to \infty}\dfrac{\log x}{x}=0$ であることから，$y=\dfrac{\log x}{x}$ のグラフの概形は次のようになる．

(2) $\dfrac{\log x}{x}=k$ の実数解の個数は，$y=\dfrac{\log x}{x}$ のグラフと直線 $y=k$ の共有点の個数である．よって，(1)のグラフから，$\dfrac{\log x}{x}=k$ の実数解の個数は，

$\dfrac{1}{e}<k$ のとき，0個，

$k\leqq 0$ または $k=\dfrac{1}{e}$ のとき，1個，

$0<k<\dfrac{1}{e}$ のとき，2個．

漸近線

要点

(i) y 軸に平行な漸近線

→ k を定数とする.

$$\lim_{x \to k-0} f(x) = \pm\infty \quad \text{または} \quad \lim_{x \to k+0} f(x) = \pm\infty$$

のとき，直線 $x=k$ は $y=f(x)$ のグラフの漸近線である.

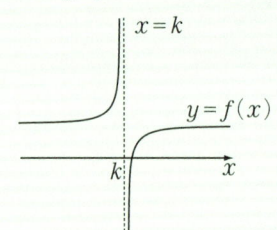

(ii) y 軸に平行でない漸近線

→ a, b を定数とする.

$$\lim_{x \to -\infty} \{f(x) - (ax+b)\} = 0$$

または

$$\lim_{x \to \infty} \{f(x) - (ax+b)\} = 0$$

のとき，直線 $y=ax+b$ は $y=f(x)$ のグラフの漸近線である.

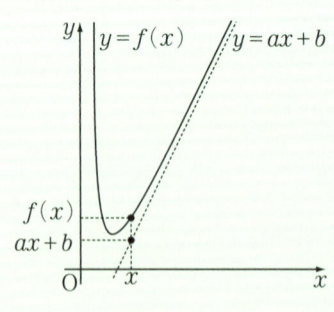

漸近線

> **例題**
>
> 増減, 凹凸, および漸近線を調べて, 関数 $y = \dfrac{x^2}{x-1}$ のグラフの概形を描け.

▶解答と解説

$y = \dfrac{x^2}{x-1}$ の定義域は $x \neq 1$ である. ここで, $y = x + 1 + \dfrac{1}{x-1}$ より,

$y' = 1 - \dfrac{1}{(x-1)^2} = \dfrac{x(x-2)}{(x-1)^2}$. また, $y' = 1 - \dfrac{1}{(x-1)^2}$ より, $y'' = \dfrac{2}{(x-1)^3}$.

よって, 増減と凹凸は次のようになる.

x	$\cdots$	0	$\cdots$	1	$\cdots$	2	$\cdots$
y'	+	0	$-$		$-$	0	+
y''			$-$				+
y	↗	0	↘		↘	4	↗

ここで, $\displaystyle\lim_{x \to 1-0} y = \lim_{x \to 1-0} \dfrac{x^2}{x-1} = -\infty$, $\displaystyle\lim_{x \to 1+0} y = \lim_{x \to 1+0} \dfrac{x^2}{x-1} = \infty$ であることから, 直線 $x = 1$ は $y = \dfrac{x^2}{x-1}$ のグラフの漸近線である.

また, $y = x + 1 + \dfrac{1}{x-1}$ より, $\displaystyle\lim_{x \to -\infty} \{y - (x+1)\} = \lim_{x \to -\infty} \dfrac{1}{x-1} = 0$,

$\displaystyle\lim_{x \to \infty} \{y - (x+1)\} = \lim_{x \to \infty} \dfrac{1}{x-1} = 0$ であることから, 直線 $y = x + 1$ は $y = \dfrac{x^2}{x-1}$ のグラフの漸近線である. …(補足)

したがって, $y = \dfrac{x^2}{x-1}$ のグラフの概形は次のようになる.

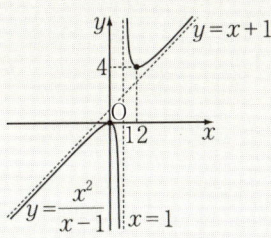

(補足) 分数関数は(分子の次数)<(分母の次数)を満たす分数のみで表されるように変形することで, グラフの漸近線がわかることがある.

関連 ➡ **3-01** (注3)

6-16 偶関数と奇関数

■ 要点

すべての実数 x に対して,$f(-x) = f(x)$ が成り立つとき,$f(x)$ は偶関数であるという.

$f(x)$ が偶関数であるとき,$y = f(x)$ のグラフは y 軸に関して対称である.

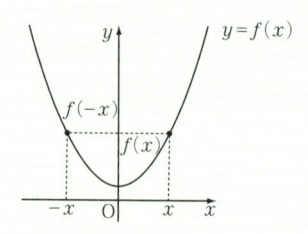

すべての実数 x に対して,$f(-x) = -f(x)$ が成り立つとき,$f(x)$ は奇関数であるという.

$f(x)$ が奇関数であるとき,$y = f(x)$ のグラフは原点に関して対称である.

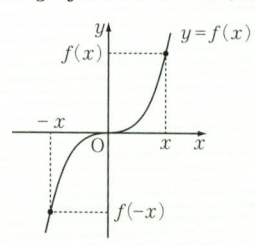

偶関数や奇関数のグラフのように,対称性があるグラフは,その対称性に着目することで,グラフを描く手間を省くことができる.

(注) 偶関数には,x^{2n}(n は整数),定数関数,$|x|$,$\cos x$,$\dfrac{e^x + e^{-x}}{2}$ などがある.

奇関数には,x^{2n-1}(n は整数),$\sin x$,$\tan x$,$\dfrac{e^x - e^{-x}}{2}$ などがある.

偶関数と奇関数

● 例題

$f(x) = \sin 2x + 2\sin x$ とする．

(1) $f(x)$ は奇関数であることを証明せよ．
(2) 増減と凹凸を調べて，関数 $y=f(x)$ のグラフの $-\dfrac{\pi}{2} \leqq x \leqq \dfrac{\pi}{2}$ の部分の概形を描け．

▶解答と解説

(1) $f(-x) = \sin\{2\cdot(-x)\} + 2\sin(-x) = \sin(-2x) + 2\sin(-x)$
$= -\sin 2x + 2\cdot(-\sin x) = -(\sin 2x + 2\sin x) = -f(x)$

であるから，$f(x)$ は奇関数である．

(2) (1)より，$y=f(x)$ のグラフは原点に関して対称である．…(*)

$f(x) = \sin 2x + 2\sin x$ より，
$f'(x) = 2\cos 2x + 2\cos x = 2(2\cos^2 x - 1) + 2\cos x$
$= 4\cos^2 x + 2\cos x - 2 = 2(2\cos x - 1)(\cos x + 1)$.

$f'(x) = 2\cos 2x + 2\cos x$ より，
$f''(x) = -4\sin 2x - 2\sin x$
$= -4\cdot 2\sin x \cos x - 2\sin x = -2\sin x(4\cos x + 1)$.

よって，$0 \leqq x \leqq \dfrac{\pi}{2}$ における増減と凹凸は次のようになる．

x	0	…	$\dfrac{\pi}{3}$	…	$\dfrac{\pi}{2}$
$f'(x)$		+	0	−	
$f''(x)$			−		
$f(x)$	0	↗	$\dfrac{3\sqrt{3}}{2}$	↘	2

このことと(*)より，$y=f(x)$ のグラフの $-\dfrac{\pi}{2} \leqq x \leqq \dfrac{\pi}{2}$ の部分の概形は右のようになる．

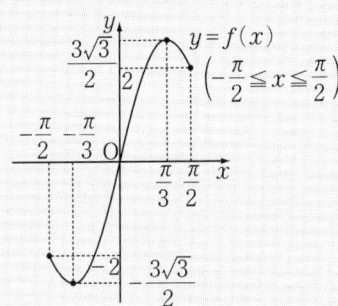

6-17 近似式

■ 要点

関数 $f(x)$ が $x=a$ で微分可能であるとき,$\displaystyle\lim_{h\to 0}\frac{f(a+h)-f(a)}{h}=f'(a)$ であるから,$h ≒ 0$ のとき($|h|$ が十分に小さいとき),

$$\frac{f(a+h)-f(a)}{h} ≒ f'(a),$$

すなわち,

$$f(a+h) ≒ f(a)+f'(a)h \quad \cdots(*)$$

である.($*$)の右辺を,$h ≒ 0$ のときの $f(a+h)$ の1次近似式という.

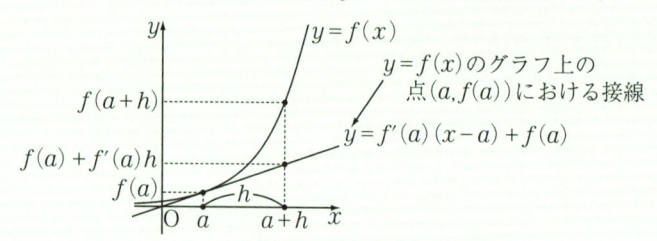

また,($*$)において,$x=a+h$ とおくと,$x ≒ a$ のとき,

$$f(x) ≒ f(a)+f'(a)(x-a) \cdots(**)$$

である.($**$)の右辺を,$x ≒ a$ のときの $f(x)$ の1次近似式という.…(注)

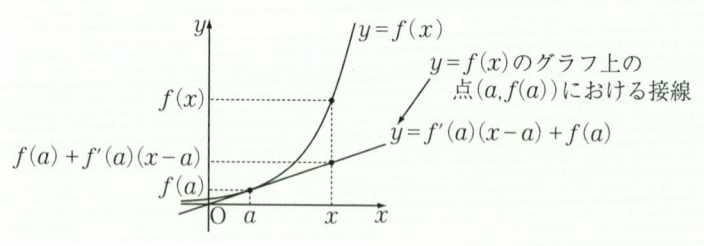

(注) 特に,$x ≒ 0$ のとき($|x|$ が十分に小さいとき),$f(x) ≒ f(0)+f'(0)x$ である.

近似式

例題1

$|h|$ が十分に小さいとき，$\sin\left(\dfrac{\pi}{3}+h\right)$ の1次近似式を求めよ．また，それを利用して，$\sin 61°$ の近似値を求めよ．

ただし，$\sqrt{3}=1.732$，$\dfrac{\pi}{180}=0.01746$ として計算せよ．

▶解答と解説

$(\sin x)'=\cos x$ より，$\sin\left(\dfrac{\pi}{3}+h\right)$ の1次近似式は $\sin\dfrac{\pi}{3}+\left(\cos\dfrac{\pi}{3}\right)h$，すなわち，$\dfrac{\sqrt{3}}{2}+\dfrac{1}{2}h$ である．これと，$\sin 61°=\sin\left(\dfrac{\pi}{3}+\dfrac{\pi}{180}\right)$ より，$\sin 61°$ の近似値は $\dfrac{\sqrt{3}}{2}+\dfrac{1}{2}\cdot\dfrac{\pi}{180}$ であるから，$\sqrt{3}=1.732$，$\dfrac{\pi}{180}=0.01746$ として計算すると，

$$\dfrac{1.732}{2}+\dfrac{1}{2}\cdot 0.01746=0.87473.$$

例題2

$|x|$ が十分に小さいときの $f(x)$ の1次近似式が $f(0)+f'(0)x$ であることをふまえて，$|x|$ が十分に小さいとき，次の関数の1次近似式を求めよ．
(1) $\sqrt{1+x}$ 　　　　　(2) e^x 　　　　　(3) $\log(1+x)$

▶解答と解説

(1) $(\sqrt{1+x})'=\dfrac{1}{2\sqrt{1+x}}$ より，$\sqrt{1+x}$ の1次近似式は $1+\dfrac{1}{2}x$．

(2) $(e^x)'=e^x$ より，e^x の1次近似式は $1+x$．

(3) $\{\log(1+x)\}'=\dfrac{1}{1+x}$ より，$\log(1+x)$ の1次近似式は x．

6-18 速度と加速度

■ 要点

- 直線上の点の運動
  → 数直線上を動く点Pの座標xが，時刻tの関数として，$x=f(t)$と表されるとき，**時刻tにおける点Pの速度をv，加速度をaとすると**，
  $$v = \frac{dx}{dt},\ a = \frac{dv}{dt}\left(\text{すなわち, } a = \frac{d^2x}{dt^2}\right)$$
  である．
  また，**速度vの絶対値$|v|$**を，時刻tにおける点Pの**速さ**という．

- 平面上の点の運動
  → 座標平面上を動く点Pの座標(x, y)が時刻tを媒介変数として
  $$\begin{cases} x = f(t) \\ y = g(t) \end{cases}$$
  で与えられているとき，**時刻tにおける点Pの速度を$\vec{v}$，加速度を$\vec{a}$**とすると，
  $$\vec{v} = \left(\frac{dx}{dt}, \frac{dy}{dt}\right),\ \vec{a} = \left(\frac{d^2x}{dt^2}, \frac{d^2y}{dt^2}\right)$$
  である．…(注)
  また，**速度$\vec{v}$の大きさ$|\vec{v}|$**を，時刻tにおける点Pの**速さ**という．

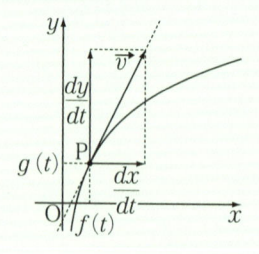

(注) $\vec{v}$を「速度ベクトル」，$\vec{a}$を「加速度ベクトル」ということもある．

速度と加速度

例題1

数直線上を動く点Pの座標xが，時刻tの関数として，$x = \sin t$と表されるとき，次の問いに答えよ．

(1) $t = \pi$における点Pの速度を求めよ．
(2) $t = \pi$における点Pの速さを求めよ．
(3) $t = \pi$における点Pの加速度を求めよ．

▶解答と解説

(1) $\dfrac{dx}{dt} = \cos t$ より，$t = \pi$における点Pの速度は$\cos \pi = -1$.

(2) (1)より，$t = \pi$における点Pの速さは$|-1| = 1$.

(3) $\dfrac{d^2 x}{dt^2} = -\sin t$ より，$t = \pi$における点Pの加速度は$-\sin \pi = 0$.

例題2

座標平面上を動く点Pの座標(x, y)が時刻tを媒介変数として

$$\begin{cases} x = \sin t \\ y = \sin 2t \end{cases}$$

で与えられているとき，次の問いに答えよ．

(1) $t = \pi$における点Pの速度を求めよ．
(2) $t = \pi$における点Pの速さを求めよ．
(3) $t = \pi$における点Pの加速度を求めよ．

▶解答と解説

(1) $\dfrac{dx}{dt} = \cos t$, $\dfrac{dy}{dt} = 2\cos 2t$ より，$t = \pi$における点Pの速度は

$$(\cos \pi, 2\cos 2\pi) = (-1, 2).$$

(2) (1)より，$t = \pi$における点Pの速さは$\sqrt{(-1)^2 + 2^2} = \sqrt{5}$.

(3) $\dfrac{d^2 x}{dt^2} = -\sin t$, $\dfrac{d^2 y}{dt^2} = -4\sin 2t$ より，$t = \pi$における点Pの加速度は

$$(-\sin \pi, -4\sin 2\pi) = (0, 0).$$

(関連)➡ 6-19 例題

6-19 媒介変数表示で表される曲線の図示

要点

座標平面上に曲線 C があり，C 上の点 (x, y) が t を媒介変数として

$$\begin{cases} x = f(t) \\ y = g(t) \end{cases}$$

で与えられているとする．

このとき，C の概形は次のようにして描くことができる．

(i) $x = f(t)$ において，**x の増減を調べる**．

(ii) $y = g(t)$ において，**y の増減を調べる**．

(iii) (i)，(ii) から t の値が増加するとき，点 (x, y) の位置がどのように変化するかを把握し，**C の概形を図示する**．

関連 → 2-05

媒介変数表示で表される曲線の図示

● 例題

tは$0 \leq t \leq \pi$を満たす媒介変数で，
$$\begin{cases} x = \sin t \\ y = \sin 2t \end{cases}$$
により定まる点(x, y)が描く曲線をCとする．Cの概形を図示せよ．ただし，凹凸は調べなくてよい．

▶解答と解説

$\dfrac{dx}{dt} = \cos t$, $\dfrac{dy}{dt} = 2\cos 2t$ より，$0 \leq t \leq \pi$におけるxとyの増減は次のようになる．

t	0	...	$\dfrac{\pi}{4}$	...	$\dfrac{\pi}{2}$	...	$\dfrac{3}{4}\pi$	...	π
$\dfrac{dx}{dt}$		+		+	0	−		−	
x	0	→	$\dfrac{\sqrt{2}}{2}$	→	1	←	$\dfrac{\sqrt{2}}{2}$	←	0
$\dfrac{dy}{dt}$		+	0	−		−	0	+	
y	0	↑	1	↓	0	↓	−1	↑	0

したがって，Cの概形は次のようになる．

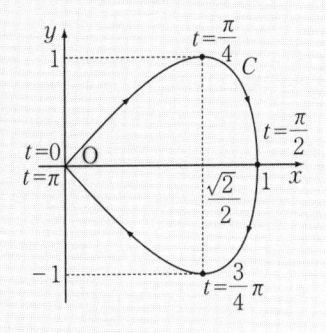

(補足) 曲線C上に記した矢印は，「tが増加するときに，C上の点(x, y)が移動する方向」を示しているものである．

7-01

原始関数と不定積分

■ 要点

$F'(x) = f(x)$ であるとき，
$$\int f(x)\,dx = F(x) + C$$
である（ただし，C は定数）．なお，この定数 C を積分定数という．…(注1)

したがって，$\int f(x)\,dx$ を求めるときは，

$F'(x) = f(x)$ を満たす関数 $F(x)$ …(注2)

を見つけることが目的となる．…(注3)

(注1)　x を積分変数，$f(x)$ を被積分関数という．

(注2)　この関数 $F(x)$ を $f(x)$ の「原始関数」または「不定積分」という．また，$f(x)$ の不定積分を求めることを $f(x)$ を積分するという．

(注3)　導関数の公式から，次の等式が成り立つ（C は積分定数）．

- 実数倍の微分，和・差の微分から成り立つ等式．…(注4)

  $\to \int kf(x)\,dx = k\int f(x)\,dx$（$k$ は定数）．

  $\int \{f(x) \pm g(x)\}\,dx = \int f(x)\,dx \pm \int g(x)\,dx$（複号同順）．

- α が実数のとき，$(x^\alpha)' = \alpha x^{\alpha-1}$ であることから成り立つ等式．

  $\to \int x^\alpha\,dx = \dfrac{x^{\alpha+1}}{\alpha+1} + C$（$\alpha$ は実数で，$\alpha \neq -1$）．

- 対数関数の微分から成り立つ等式．

  $\to \int \dfrac{1}{x}\,dx = \log|x| + C$．

- 三角関数の微分から成り立つ等式．

  $\to \int \sin x\,dx = -\cos x + C,\ \int \cos x\,dx = \sin x + C$,

  $\int \dfrac{1}{\cos^2 x}\,dx = \tan x + C,\ \int \dfrac{1}{\sin^2 x}\,dx = -\dfrac{1}{\tan x} + C$．

- 指数関数の微分から成り立つ等式．

  $\to \int e^x\,dx = e^x + C,\ \int a^x\,dx = \dfrac{a^x}{\log a} + C$（$a$ は 1 以外の正の定数）．

(注4)　不定積分の等式では，両辺の積分定数を適当に定めると，その等式が成り立つことを意味している．

第7章　積　分　法

例題

次の不定積分を求めよ．

(1) $\displaystyle\int\left(1-\dfrac{4\sqrt{x}}{x}+\dfrac{4}{x}\right)dx$

(2) $\displaystyle\int\dfrac{(\sqrt{x}-2)^2}{x}dx$

(3) $\displaystyle\int(\tan x-2)\cos x\,dx$

(4) $\displaystyle\int\left(\dfrac{1}{\sin^2 x}+\dfrac{1}{\cos^2 x}\right)dx$

(5) $\displaystyle\int(2^x-e^x)\,dx$

▶解答と解説

以下，C を積分定数とする．

(1) $\displaystyle\int\left(1-\dfrac{4\sqrt{x}}{x}+\dfrac{4}{x}\right)dx=\int\left(1-4x^{-\frac{1}{2}}+\dfrac{4}{x}\right)dx$
$\qquad\qquad\qquad\qquad\qquad=x-4\cdot2x^{\frac{1}{2}}+4\log|x|+C$
$\qquad\qquad\qquad\qquad\qquad=x-8\sqrt{x}+4\log|x|+C.$

(2) $\displaystyle\int\dfrac{(\sqrt{x}-2)^2}{x}dx=\int\dfrac{x-4\sqrt{x}+4}{x}dx$
$\qquad\qquad\qquad=\displaystyle\int\left(\dfrac{x}{x}-\dfrac{4\sqrt{x}}{x}+\dfrac{4}{x}\right)dx$
$\qquad\qquad\qquad=\displaystyle\int\left(1-\dfrac{4\sqrt{x}}{x}+\dfrac{4}{x}\right)dx$
$\qquad\qquad\qquad=x-8\sqrt{x}+4\log|x|+C.$

(3) $\displaystyle\int(\tan x-2)\cos x\,dx=\int\left(\dfrac{\sin x}{\cos x}-2\right)\cos x\,dx$
$\qquad\qquad\qquad\qquad=\displaystyle\int(\sin x-2\cos x)dx$
$\qquad\qquad\qquad\qquad=-\cos x-2\sin x+C.$

(4) $\displaystyle\int\left(\dfrac{1}{\sin^2 x}+\dfrac{1}{\cos^2 x}\right)dx=-\dfrac{1}{\tan x}+\tan x+C.$

(5) $\displaystyle\int(2^x-e^x)dx=2^x\log 2-e^x+C.$

(補足) 被積分関数が**分数式や積で表される式のときは**，(2)，(3) のように，**関数の和や差の形に変形する**ことで，積分しやすくなることがある．

7-02

置換積分法($f(g(x))g'(x)$の不定積分)

■ 要点

以下,Cを積分定数とする.

$F'(x) = f(x)$であるとき,合成関数の微分により
$$F'(g(x)) = f(g(x))g'(x)$$
であるから,
$$\int f(g(x))g'(x)\,dx = F(g(x)) + C \quad \cdots (*)$$
が成り立つ. …(注).

関連 ➡ 6-04

さらに,$F'(x) = f(x)$から,$\int f(t)\,dt = F(t) + C$であるので,(*)は

$$t = g(x) \text{のとき,} \int f(g(x))g'(x)\,dx = \int f(t)\,dt \quad \cdots (**)$$

と表現することもできる.

(注) ある関数$h(x)$の不定積分$\int h(x)\,dx$を求める際において,

① $h(x)$がある2つの関数fとgを用いて$h(x) = f(g(x))g'(x)$
と表され,$\int f(t)\,dt$を求めるのに手間がかからない

場合は,

② $\int f(t)\,dt$を求め,

③ 求めた式のtを$g(x)$に変える

ことにより,$\int h(x)\,dx$を求めることができる(なお,(*)の右辺は③により得られる式を表し,(**)の右辺は②で求める不定積分を表している).

例えば,不定積分$\int (-e^{-x+3})\,dx$を求めると,次のようになる.

$$\begin{aligned}
\int (-e^{-x+3})\,dx &= \int e^{-x+3} \cdot (-1)\,dx \\
&= \int e^{-x+3} \cdot (-x+3)'\,dx \quad \cdots ① \\
&= \int e^t\,dt \,(\text{ただし,} t = -x+3 \text{とした}) \\
&= e^t + C \quad \cdots ② \\
&= e^{-x+3} + C \,\cdots ③\,(C\text{は積分定数}).
\end{aligned}$$

置換積分法（$f(g(x))g'(x)$ の不定積分）

例題

次の不定積分を求めよ．

(1) $\displaystyle\int (3x+2)^4\, dx$

(2) $\displaystyle\int \sin(2x-3)\, dx$

(3) $\displaystyle\int (x^2+3x-1)^3(2x+3)\, dx$

(4) $\displaystyle\int \sin^2 x \cos x\, dx$

(5) $\displaystyle\int \frac{e^x - e^{-x}}{e^x + e^{-x}}\, dx$

(6) $\displaystyle\int \frac{1}{x\log x}\, dx$

▶解答と解説

以下，C を積分定数とする．

(1) $\displaystyle\int (3x+2)^4\, dx = \frac{1}{3}\int (3x+2)^4 \cdot 3\, dx = \frac{1}{3}\int (3x+2)^4 \cdot (3x+2)'\, dx$
$\displaystyle \qquad\qquad\qquad = \frac{1}{3} \cdot \frac{(3x+2)^5}{5} + C = \frac{(3x+2)^5}{15} + C.$

(2) $\displaystyle\int \sin(2x-3)\, dx = \frac{1}{2}\int \{\sin(2x-3)\}\cdot 2\, dx$
$\displaystyle \qquad\qquad\qquad\quad = \frac{1}{2}\int \{\sin(2x-3)\}\cdot(2x-3)'\, dx$
$\displaystyle \qquad\qquad\qquad\quad = \frac{1}{2}\cdot\{-\cos(2x-3)\} + C = -\frac{1}{2}\cos(2x-3) + C.$

(3) $\displaystyle\int (x^2+3x-1)^3(2x+3)\, dx = \int (x^2+3x-1)^3 (x^2+3x-1)'\, dx$
$\displaystyle \qquad\qquad\qquad\qquad\qquad = \frac{(x^2+3x-1)^4}{4} + C.$

(4) $\displaystyle\int \sin^2 x \cos x\, dx = \int (\sin x)^2 \cdot (\sin x)'\, dx = \frac{(\sin x)^3}{3} + C = \frac{\sin^3 x}{3} + C.$

(5) $\displaystyle\int \frac{e^x - e^{-x}}{e^x + e^{-x}}\, dx = \int \frac{1}{e^x + e^{-x}}\cdot(e^x - e^{-x})\, dx = \int \frac{1}{e^x + e^{-x}}(e^x + e^{-x})'\, dx$
$\displaystyle \qquad\qquad\qquad = \log|e^x + e^{-x}| + C = \log(e^x + e^{-x}) + C.$

(6) $\displaystyle\int \frac{1}{x\log x}\, dx = \int \frac{1}{\log x}\cdot\frac{1}{x}\, dx = \int \frac{1}{\log x}\cdot(\log x)'\, dx = \log|\log x| + C.$

(補足) (1), (2)のように，$F'(x) = f(x)$ のとき，$a \neq 0$ ならば，
$$\int f(ax+b)\, dx = \frac{1}{a}F(ax+b) + C \text{（ただし，C は積分定数）}$$
となる．このことは覚えておくとよい．

7-03

置換積分法(積分変数の変換)

■ 要点

合成関数の微分により,
$$t=g(x) のとき, \int f(g(x))g'(x)\,dx = \int f(t)\,dt$$
である.

関連 ➡ 7-02

したがって,
$$x=g(t) のとき, \int f(x)\,dx = \int f(g(t))g'(t)\,dt \quad \cdots (*)$$
が成り立つ. …(注1)

このことから, 不定積分 $\int f(x)\,dx$ に対して

① $x=g(t)$ (すなわち, $x=(tの式)$) とおき,

② $g'(t)$ $\left(すなわち, \dfrac{dx}{dt}\right)$ を求める

ことで

③ **x を積分変数とする不定積分 $\int f(x)\,dx$ を, t を積分変数とする不定積分 $\int f(g(t))g'(t)\,dt$ に書き換える**

ことができる.

積分変数の変換により, 積分しやすくなることも多い. 例えば, 被積分関数に $\sqrt{ax+b}$ という式が含まれているときは,
$$t=\sqrt{ax+b}, あるいは, t=ax+b$$
とおくと積分しやすくなることがある. …(注2)

(注1) $x=g(t)$ のとき, $\dfrac{dx}{dt}=g'(t)$ であるが, このことを形式的に $dx=f'(t)\,dt$ と書くことがある. この書き方から, (*)において, 左辺の「$f(x)$ を $f(g(t))$」に, 「dx を $f'(t)\,dt$」に書き換えたものが右辺であると見ることもできる.

(注2) $g(t)$ が逆関数をもつとき, 「$x=g(t)$ とおく」ことは「$t=g^{-1}(x)$ とおいた」ことに他ならない. したがって, $g(t)$ が逆関数をもつとき, $\int f(x)\,dx$ を $\int f(g(t))g'(t)\,dt$ に書き換える際に「$t=g^{-1}(x)$ とおいた」という意味で「$t=(xの式)$ とおく」と記すことがある.

関連 ➡ 3-03

第7章 積分法

置換積分法（積分変数の変換）

● 例題

不定積分 $\int 2(5x+1)\sqrt{2x+1}\,dx$ を求めよ.

▶ **解答と解説**

以下，C を積分定数とする．

$t=\sqrt{2x+1}$ とおくと，$t^2=2x+1$，すなわち，$x=\dfrac{t^2-1}{2}$ であるから，

$$\frac{dx}{dt}=t.$$

したがって，

$$\begin{aligned}
\int 2(5x+1)\sqrt{2x+1}\,dx &= \int 2\left(5\cdot\frac{t^2-1}{2}+1\right)\cdot t\cdot t\,dt \\
&= \int (5t^4-3t^2)\,dt \\
&= t^5-t^3+C \\
&= (\sqrt{2x+1})^5-(\sqrt{2x+1})^3+C \\
&= (2x+1)^2\sqrt{2x+1}-(2x+1)\sqrt{2x+1}+C \\
&= 2x(2x+1)\sqrt{2x+1}+C.
\end{aligned}$$

（別解）

$t=2x+1$ とおくと，$x=\dfrac{t-1}{2}$ であるから，$\dfrac{dx}{dt}=\dfrac{1}{2}$.

したがって，

$$\begin{aligned}
\int 2(5x+1)\sqrt{2x+1}\,dx &= \int 2\left(5\cdot\frac{t-1}{2}+1\right)\cdot\sqrt{t}\cdot\frac{1}{2}\,dt \\
&= \int\left(\frac{5}{2}t^{\frac{3}{2}}-\frac{3}{2}t^{\frac{1}{2}}\right)dt \\
&= t^{\frac{5}{2}}-t^{\frac{3}{2}}+C \\
&= (2x+1)^{\frac{5}{2}}-(2x+1)^{\frac{3}{2}}+C \\
&= (2x+1)^2\sqrt{2x+1}-(2x+1)\sqrt{2x+1}+C \\
&= 2x(2x+1)\sqrt{2x+1}+C.
\end{aligned}$$

（補足）
$$\begin{aligned}
\int 2(5x+1)\sqrt{2x+1}\,dx &= \int\{5(2x+1)-3\}(2x+1)^{\frac{1}{2}}\,dx \\
&= \int\{5(2x+1)^{\frac{3}{2}}-3(2x+1)^{\frac{1}{2}}\}dx \\
&= (2x+1)^{\frac{5}{2}}-(2x+1)^{\frac{3}{2}}+C \\
&= 2x(2x+1)\sqrt{2x+1}+C
\end{aligned}$$

のように，積分変数の変換を行わずに積分することもできる．

7-04 部分積分法

■ 要点

積の微分により，
$$\int \{f'(x)g(x)+f(x)g'(x)\}dx = f(x)g(x)+C$$
が成り立つので，
$$\begin{aligned}\int f'(x)g(x)dx &= \int \{f'(x)g(x)+f(x)g'(x)-f(x)g'(x)\}dx \\ &= \int \{f'(x)g(x)+f(x)g'(x)\}dx - \int f(x)g'(x)dx \\ &= f(x)g(x) - \int f(x)g'(x)dx\end{aligned}$$
となる．このことから，
$$\int f'(x)g(x)dx = f(x)g(x) - \int f(x)g'(x)dx \quad \cdots (*)$$
が成り立つ．$(*)$は**2つの式の積で表される関数を積分するときによく用いられる．** …(注)

(注) 　2つの式の積で表される関数を$(*)$を用いて積分する際には，**どちらを「微分されたもの」**（つまり，$(*)$の左辺の$f'(x)$に相当するもの）**と見なせば「積分しやすくなるか」**（つまり，$(*)$の右辺の$f(x)g'(x)$が積分しやすい式になるか）**を見極めることが重要**である．例えば，nを正の整数とするとき，

(n次式)×(対数関数)の形の式
→ (n次式)を微分されたものと見る，

(n次式)×(三角関数)の形の式
→ (三角関数)を微分されたものと見る，

(n次式)×(指数関数)の形の式
→ (指数関数)を微分されたものと見る

ことで，これらの式を$(*)$を用いて積分できることが多い．

(関連) → 7-04 例題(1), (2)

また，(指数関数)×(三角関数)の形の式は，$(*)$を2回利用し，**不定積分についての方程式を立てる**ことで，積分できることが多い．

(関連) → 7-04 例題(3)

部分積分法

例題

次の不定積分を求めよ．
(1) $\displaystyle\int \log x\, dx$ (2) $\displaystyle\int x \cos x\, dx$ (3) $\displaystyle\int e^x \sin x\, dx$

▶解答と解説

以下，C を積分定数とする．

(1) $\displaystyle\int \log x\, dx = \int 1 \cdot \log x\, dx = \int (x)' \cdot \log x\, dx = x \log x - \int x \cdot (\log x)'\, dx$
$\displaystyle = x \log x - \int x \cdot \frac{1}{x}\, dx = x \log x - \int 1\, dx = x \log x - x + C.$

(2) $\displaystyle\int x \cos x\, dx = \int x \cdot (\sin x)'\, dx = x \sin x - \int (x)' \cdot (\sin x)\, dx$
$\displaystyle = x \sin x - \int 1 \cdot (\sin x)\, dx = x \sin x - \int \sin x\, dx$
$= x \sin x + (-\cos x) + C = x \sin x - \cos x + C.$

(3) $I = \displaystyle\int e^x \sin x\, dx$ とおくと，
$\displaystyle I = \int e^x \cdot (-\cos x)'\, dx = e^x \cdot (-\cos x) - \int (e^x)' \cdot (-\cos x)\, dx$
$\displaystyle = -e^x \cos x + \int e^x \cos x\, dx = -e^x \cos x + \int e^x \cdot (\sin x)'\, dx$
$\displaystyle = -e^x \cos x + e^x \sin x - \int (e^x)' \sin x\, dx$
$\displaystyle = -e^x \cos x + e^x \sin x - \int e^x \sin x\, dx = -e^x \cos x + e^x \sin x - I.$

よって，$2I = -e^x \cos x + e^x \sin x.$ …(補足)

したがって，$\displaystyle\int e^x \sin x\, dx = \frac{e^x}{2}(\sin x - \cos x) + C.$

(補足) $\displaystyle I = \int (e^x)' \cdot \sin x\, dx = e^x \sin x - \int e^x \cdot (\sin x)'\, dx$
$\displaystyle = e^x \sin x - \int e^x \cdot \cos x\, dx = e^x \sin x - \int (e^x)' \cdot \cos x\, dx$
$\displaystyle = e^x \sin x - \left\{ e^x \cos x - \int e^x \cdot (\cos x)'\, dx \right\}$
$\displaystyle = e^x \sin x - e^x \cos x - \int e^x \sin x\, dx = e^x \sin x - e^x \cos x - I$

と変形して，$2I = -e^x \cos x + e^x \sin x$ を導くこともできる．

7-05

分数式の積分

■ 要点

分数式を積分するときは次のことを意識しておくとよい．

① **(分子の次数)≧(分母の次数)の形で表されている分数式は，まず，(分子の次数)<(分母の次数)を満たす分数のみで表されるように変形する．**

関連 → 3-01 (注3)

② **分数式が $\dfrac{g'(x)}{g(x)}$ と表されるときは**，合成関数の微分により，
$$\int \dfrac{g'(x)}{g(x)} dx = \log|g(x)| + C \quad (Cは積分定数)$$
が成り立つことを利用して積分する．

関連 → 7-02

③ 分数式の**分母**が実数の範囲で因数分解できるときは，分母の式の因数を分母とする分数式の和の形でその分数式を表す．…(注)

④ 分母が $a(x-p)^2 + q \ (q>0)$ と変形できる2次式である分数式は，$x = p + a\tan\theta$ とおくと積分しやすくなることがある．

関連 → 7-08 例題(3)

(注) 一般に，(分子の次数)<(分母の次数)を満たす分数式で，分母が $f(x)g(x)$ と因数分解されているものは
$$\dfrac{f(x)より次数が小さい式}{f(x)} + \dfrac{g(x)より次数が小さい式}{g(x)}$$
と変形できる．③の変形はこのことを意識して行うとよい．

関連 → 7-05 例題(3)，(補足)

特に，$a<b$ のとき，次のことが成り立つ．
$$\dfrac{1}{(x+a)(x+b)} = \dfrac{1}{b-a}\left(\dfrac{1}{x+a} - \dfrac{1}{x+b}\right).$$

関連 → 7-05 例題(2)

また，(分子の次数)<(分母の次数)を満たす分数式で，分母が $\{h(x)\}^n$ (nは正の整数)と表されるものは分子を $h(x)$ で割ることで，③の変形を行うことができる．

関連 → 7-05 例題(4)

例題

次の不定積分を求めよ.

(1) $\displaystyle\int \frac{2x^2+2x+2}{x^2+1}dx$

(2) $\displaystyle\int \frac{1}{(x+1)(x+3)}dx$

(3) $\displaystyle\int \frac{3x^2+2x+1}{(x+1)(x^2+1)}dx$

(4) $\displaystyle\int \frac{2x-1}{(x-1)^2}dx$

▶解答と解説

以下, C を積分定数とする.

(1) $\displaystyle\int \frac{2x^2+2x+2}{x^2+1}dx = \int \frac{2(x^2+1)+2x}{x^2+1}dx = \int \left(2+\frac{2x}{x^2+1}\right)dx$
$\displaystyle\qquad = \int \left\{2+\frac{(x^2+1)'}{x^2+1}\right\}dx$
$\displaystyle\qquad = 2x+\log|x^2+1|+C = 2x+\log(x^2+1)+C.$

(2) $\displaystyle\int \frac{1}{(x+1)(x+3)}dx = \int \frac{1}{2}\left(\frac{1}{x+1}-\frac{1}{x+3}\right)dx$
$\displaystyle\qquad = \frac{1}{2}\bigl(\log|x+1|-\log|x+3|\bigr)+C$
$\displaystyle\qquad = \frac{1}{2}\log\frac{|x+1|}{|x+3|}+C = \frac{1}{2}\log\left|\frac{x+1}{x+3}\right|+C.$

(3) $\displaystyle\int \frac{3x^2+2x+1}{(x+1)(x^2+1)}dx = \int \left(\frac{1}{x+1}+\frac{2x}{x^2+1}\right)dx$ ⋯(補足)
$\displaystyle\qquad = \log|x+1|+\log|x^2+1|+C$
$\displaystyle\qquad = \log|x+1|\,|x^2+1|+C = \log|x+1|(x^2+1)+C.$

(4) $\displaystyle\int \frac{2x-1}{(x-1)^2}dx = \int \frac{2(x-1)+1}{(x-1)^2}dx = \int \left\{\frac{2}{x-1}+\frac{1}{(x-1)^2}\right\}dx$
$\displaystyle\qquad = \int \left\{\frac{2}{x-1}+(x-1)^{-2}\right\}dx$
$\displaystyle\qquad = 2\log|x-1|-(x-1)^{-1}+C = 2\log|x-1|-\frac{1}{x-1}+C.$

(補足) $\displaystyle\frac{3x^2+2x+1}{(x+1)(x^2+1)} = \frac{a}{x+1}+\frac{bx+c}{x^2+1}$ (a, b, c は定数)とおき, これが x の恒等式になるような a, b, c の値を求めると, $a=1$, $b=2$, $c=0$ となる.

このことから, $\displaystyle\frac{3x^2+2x+1}{(x+1)(x^2+1)} = \frac{1}{x+1}+\frac{2x}{x^2+1}$ となることがわかる.

7-06

三角関数の積分

■ 要点

三角関数を含む式を積分するときは次のことを意識しておくとよい．

・**積の形で表される式は和や差の形で表せないかを意識する**…(補足1)

→ $\sin\alpha\cos\beta = \dfrac{1}{2}\{\sin(\alpha+\beta) + \sin(\alpha-\beta)\}$,

$\cos\alpha\cos\beta = \dfrac{1}{2}\{\cos(\alpha+\beta) + \cos(\alpha-\beta)\}$,

$\sin\alpha\sin\beta = -\dfrac{1}{2}\{\cos(\alpha+\beta) - \cos(\alpha-\beta)\}$

であることを利用するのも有効な手段の一つである．

関連 → 7-06 例題 (1)

・**2倍角の公式の活用**

→ 2倍角の公式 $\cos 2x = 1 - 2\sin^2 x$, $\cos 2x = 2\cos^2 x - 1$ により，

$$\sin^2 x = \dfrac{1-\cos 2x}{2},\quad \cos^2 x = \dfrac{1+\cos 2x}{2}$$

となることを利用し，$\sin x$ や $\cos x$ の次数を下げることで，$\sin x$ の偶数乗，および，$\cos x$ の偶数乗を含む式を積分できることがある．

関連 → 7-06 例題 (2), (3)

・**置換積分法の活用**

→ $(\sin x についての式) \times (\cos x)$，$(\cos x についての式) \times (-\sin x)$

のように，2つの関数 f と g を用いて，$f(g(x))g'(x)$ と表される式は

$$\int f(g(x))g'(x)\,dx = F(g(x)) + C$$

が成り立つことを利用して積分する ($F(x)$ は $F'(x) = f(x)$ を満たす関数で，C は積分定数)．…(補足2)

関連 → 7-02 例題 (4)

(補足1) 積の形で表される式を積分するときには，部分積分法も有効な手段の一つである．

関連 → 7-04

(補足2) このことは，$\sin x$ の奇数乗，および，$\cos x$ の奇数乗を含む式を積分するときの手段の一つである．

関連 → 7-06 例題 (4)

例題

次の不定積分を求めよ．

(1) $\displaystyle\int \sin 5x \cos 4x \, dx$

(2) $\displaystyle\int \sin^2 x \, dx$

(3) $\displaystyle\int \sin^4 x \, dx$

(4) $\displaystyle\int \sin^5 x \, dx$

▶ **解答と解説**

以下，C を積分定数とする．

(1) $\displaystyle\int \sin 5x \cos 4x \, dx = \int \frac{1}{2}(\sin 9x + \sin x) \, dx = \frac{1}{2}\left(-\frac{1}{9}\cos 9x - \cos x\right) + C$

$\displaystyle\qquad = -\frac{1}{18}\cos 9x - \frac{1}{2}\cos x + C.$

(2) $\displaystyle\int \sin^2 x \, dx = \int \frac{1 - \cos 2x}{2} \, dx = \int \left(\frac{1}{2} - \frac{1}{2}\cos 2x\right) dx$

$\displaystyle\qquad = \frac{1}{2}x - \frac{1}{4}\sin 2x + C.$

(3) $\displaystyle\int \sin^4 x \, dx = \int (\sin^2 x)^2 \, dx = \int \left(\frac{1 - \cos 2x}{2}\right)^2 dx$

$\displaystyle\qquad = \int \left(\frac{1}{4} - \frac{1}{2}\cos 2x + \frac{1}{4}\cos^2 2x\right) dx$

$\displaystyle\qquad = \int \left(\frac{1}{4} - \frac{1}{2}\cos 2x + \frac{1}{4}\cdot\frac{1+\cos 4x}{2}\right) dx$

$\displaystyle\qquad = \int \left(\frac{1}{8}\cos 4x - \frac{1}{2}\cos 2x + \frac{3}{8}\right) dx$

$\displaystyle\qquad = \frac{1}{32}\sin 4x - \frac{1}{4}\sin 2x + \frac{3}{8}x + C.$

(4) $\displaystyle\int \sin^5 x \, dx = \int (-\sin^4 x)\cdot(-\sin x) \, dx = \int \{-(\sin^2 x)^2\}\cdot(-\sin x) \, dx$

$\displaystyle\qquad = \int \{-(1-\cos^2 x)^2\}\cdot(-\sin x) \, dx$

$\displaystyle\qquad = \int (-1 + 2\cos^2 x - \cos^4 x)\cdot(-\sin x) \, dx$

$\displaystyle\qquad = \int \{-1 + 2\cdot(\cos x)^2 - (\cos x)^4\}\cdot(\cos x)' \, dx$

$\displaystyle\qquad = -\cos x + \frac{2}{3}\cdot(\cos x)^3 - \frac{1}{5}\cdot(\cos x)^5 + C$

$\displaystyle\qquad = -\cos x + \frac{2}{3}\cos^3 x - \frac{1}{5}\cos^5 x + C.$

7-07

定積分・絶対値と定積分

要点

- 定積分

  → a, b を実数とする．$\int_a^b f(x)\,dx$ を「$f(x)$ の a から b までの定積分」といい，$F'(x) = f(x)$ であるとき，
  $$\int_a^b f(x)\,dx = \Big[F(x)\Big]_a^b$$
  $$= F(b) - F(a)$$
  である．なお，$\int_a^b f(x)\,dx$ の値を求めることを「$f(x)$ を a から b まで積分する」といい，a を下端，b を上端という．…(注1), (注2)

  また，a, b, c が実数のとき，次の等式が成り立つ．…(注3)
  $$\int_a^a f(x)\,dx = 0,$$
  $$\int_a^b f(x)\,dx = -\int_b^a f(x)\,dx,$$
  $$\int_a^b f(x)\,dx = \int_a^c f(x)\,dx + \int_c^b f(x)\,dx.$$

- 絶対値と定積分

  → **x の値の範囲によって $f(x)$ を定義する式が異なるときに $f(x)$ の定積分の値を求めるには，定積分の下端から上端までの範囲を，$f(x)$ が一つの式で表せるような範囲に分けて計算すればよい．**

  (関連) → **7-07** 例題 (3)

(注1) $a < b$ のとき，$\int_a^b f(x)\,dx$ の値は，$y = f(x)$ のグラフと，2直線 $x = a$, $x = b$, および x 軸で囲まれた部分の面積（ただし，x 軸の下側にある部分についてはその面積を -1 倍した値）の総和に等しい．また，$a \leq x \leq b$ を積分区間という．

$\int_a^b f(x)\,dx = S_1 - S_2$

(注2) x を積分変数，$f(x)$ を被積分関数という．

(注3) 次の等式も成り立つ．
$$\int_a^b kf(x)\,dx = k\int_a^b f(x)\,dx \quad (k\text{ は定数}).$$
$$\int_a^b \{f(x) \pm g(x)\}\,dx = \int_a^b f(x)\,dx \pm \int_a^b g(x)\,dx \quad (\text{複号同順}).$$

定積分・絶対値と定積分

例題

次の定積分の値を求めよ．

(1) $\displaystyle\int_1^2 \frac{(\sqrt{x}-2)^2}{x}dx$

(2) $\displaystyle\int_0^{\frac{\pi}{4}}(\tan x-2)\cos x\,dx$

(3) $\displaystyle\int_0^2 |x-1|dx$

▶解答と解説

(1) $\displaystyle\int_1^2 \frac{(\sqrt{x}-2)^2}{x}dx = \int_1^2 \left(\frac{x}{x}-\frac{4\sqrt{x}}{x}+\frac{4}{x}\right)dx = \int_1^2 \left(1-\frac{4\sqrt{x}}{x}+\frac{4}{x}\right)dx$

$\qquad = \left[x-8\sqrt{x}+4\log|x|\right]_1^2$ …(補足1)

$\qquad = (2-8\sqrt{2}+4\log|2|)-(1-8\sqrt{1}+4\log|1|)$

$\qquad = 9-8\sqrt{2}+4\log 2.$

(2) $\displaystyle\int_0^{\frac{\pi}{4}}(\tan x-2)\cos x\,dx = \int_0^{\frac{\pi}{4}}\left(\frac{\sin x}{\cos x}-2\right)\cos x\,dx$

$\qquad = \displaystyle\int_0^{\frac{\pi}{4}}(\sin x-2\cos x)dx = \left[-\cos x-2\sin x\right]_0^{\frac{\pi}{4}}$

$\qquad = \left(-\cos\frac{\pi}{4}-2\sin\frac{\pi}{4}\right)-(-\cos 0-2\sin 0)$

$\qquad = -\frac{3\sqrt{2}}{2}+1.$

(3) $|x-1| = \begin{cases} -(x-1) & (x\leqq 1 \text{のとき}) \\ x-1 & (x\geqq 1 \text{のとき}) \end{cases}$

であるから，

$\displaystyle\int_0^2 |x-1|dx = \int_0^1 \{-(x-1)\}dx + \int_1^2 (x-1)dx$

$\qquad = \left[-\left(\frac{x^2}{2}-x\right)\right]_0^1 + \left[\frac{x^2}{2}-x\right]_1^2 = \frac{1}{2}+\frac{1}{2} = 1.$ …(補足2)

(補足1) $x=1$, $x=2$ のいずれのときも $|x|=x$ であるので，ここを $\left[x-8\sqrt{x}+4\log x\right]_1^2$ と記してもかまわない．

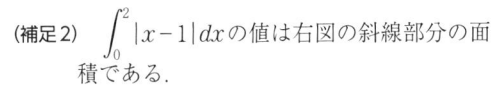

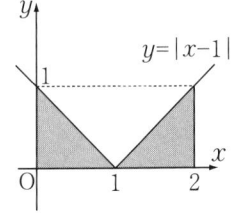

(補足2) $\displaystyle\int_0^2 |x-1|dx$ の値は右図の斜線部分の面積である．

第7章 積分法

7-08 定積分の置換積分法

要点

$F'(x) = f(x)$ とする. $a = g(\alpha)$, $b = g(\beta)$ のとき,

$$\int_a^b f(x)\,dx = \int_\alpha^\beta f(g(t))g'(t)\,dt \quad \cdots (*)$$

が成り立つ. …(注)

このことから, 定積分 $\displaystyle\int_a^b f(x)\,dx$ に対して

① $x = g(t)$ (すなわち $x = (t\text{の式})$) とおき,

② $g'(t)$ $\left(\text{すなわち } \dfrac{dx}{dt}\right)$ を求め,

③ $a = g(\alpha)$, $b = g(\beta)$ となる α, β の値を求める

ことで

④ x を積分変数とする定積分 $\displaystyle\int_a^b f(x)\,dx$ を, t を積分変数とする定積分 $\displaystyle\int_\alpha^\beta f(g(t))g'(t)\,dt$ に書き換える

ことができる.

関連 → 7-03

積分変数の変換を行うことで, 定積分の値が求めやすくなることも多い. 例えば, 被積分関数に

$\sqrt{a^2 - x^2}$ という式が含まれているときは, $x = a\sin\theta$,

$\sqrt{a^2 + x^2}$ という式が含まれているときは, $x = a\tan\theta$

とおくと積分しやすくなることがある.

(注) (*) が導かれる過程を記すと, 次のようになる.

$$\begin{aligned}
\int_\alpha^\beta f(g(t))g'(t)\,dt &= \Big[F(g(t))\Big]_\alpha^\beta \\
&= F(g(\beta)) - F(g(\alpha)) \\
&= F(b) - F(a) \\
&= \Big[F(x)\Big]_a^b \\
&= \int_a^b f(x)\,dx.
\end{aligned}$$

関連 → 7-02

なお, $f(x)$ が連続関数で, $g(x)$ が微分可能であれば, (*) が成り立つことが知られている.

例題

次の定積分の値を求めよ．
(1) $\displaystyle\int_0^1 \sqrt{1-x^2}\,dx$ (2) $\displaystyle\int_0^2 \frac{1}{4+x^2}\,dx$ (3) $\displaystyle\int_1^2 \frac{1}{x^2-2x+2}\,dx$

▶ 解答と解説

(1) $x=\sin\theta$ とおくと，$\dfrac{dx}{d\theta}=\cos\theta$ なので，

x	$0 \to 1$
θ	$0 \to \dfrac{\pi}{2}$

$$\int_0^1 \sqrt{1-x^2}\,dx = \int_0^{\frac{\pi}{2}} \sqrt{1-\sin^2\theta}\cdot(\cos\theta)\,d\theta = \int_0^{\frac{\pi}{2}} \sqrt{\cos^2\theta}\cdot(\cos\theta)\,d\theta$$

$$= \int_0^{\frac{\pi}{2}} |\cos\theta|\cdot(\cos\theta)\,d\theta = \int_0^{\frac{\pi}{2}} (\cos\theta)\cdot(\cos\theta)\,d\theta$$

$$= \int_0^{\frac{\pi}{2}} \cos^2\theta\,d\theta = \int_0^{\frac{\pi}{2}} \frac{1+\cos 2\theta}{2}\,d\theta$$

$$= \int_0^{\frac{\pi}{2}} \left(\frac{1}{2}+\frac{1}{2}\cos 2\theta\right)d\theta = \left[\frac{1}{2}\theta+\frac{1}{4}\sin 2\theta\right]_0^{\frac{\pi}{2}} = \frac{\pi}{4}.$$

(2) $x=2\tan\theta$ とおくと，$\dfrac{dx}{d\theta}=\dfrac{2}{\cos^2\theta}$ なので，

x	$0 \to 2$
θ	$0 \to \dfrac{\pi}{4}$

$$\int_0^2 \frac{1}{4+x^2}\,dx = \int_0^{\frac{\pi}{4}} \frac{1}{4+(2\tan\theta)^2}\cdot\frac{2}{\cos^2\theta}\,d\theta$$

$$= \int_0^{\frac{\pi}{4}} \frac{1}{4+4\tan^2\theta}\cdot\frac{2}{\cos^2\theta}\,d\theta = \int_0^{\frac{\pi}{4}} \frac{1}{4(1+\tan^2\theta)}\cdot\frac{2}{\cos^2\theta}\,d\theta$$

$$= \int_0^{\frac{\pi}{4}} \frac{1}{4\cdot\dfrac{1}{\cos^2\theta}}\cdot\frac{2}{\cos^2\theta}\,d\theta = \int_0^{\frac{\pi}{4}} \frac{1}{2}\,d\theta = \left[\frac{1}{2}\theta\right]_0^{\frac{\pi}{4}} = \frac{\pi}{8}.$$

(3) $\displaystyle\int_1^2 \frac{1}{x^2-2x+2}\,dx = \int_1^2 \frac{1}{(x-1)^2+1}\,dx = \int_1^2 \frac{1}{1+(x-1)^2}\,dx$ である．

$x-1=\tan\theta$，すなわち，$x=1+\tan\theta$

とおくと，$\dfrac{dx}{d\theta}=\dfrac{1}{\cos^2\theta}$ なので，

x	$1 \to 2$
θ	$0 \to \dfrac{\pi}{4}$

$$\int_1^2 \frac{1}{x^2-2x+2}\,dx = \int_1^2 \frac{1}{1+(x-1)^2}\,dx = \int_0^{\frac{\pi}{4}} \frac{1}{1+\tan^2\theta}\cdot\frac{1}{\cos^2\theta}\,d\theta$$

$$= \int_0^{\frac{\pi}{4}} \frac{1}{\dfrac{1}{\cos^2\theta}}\cdot\frac{1}{\cos^2\theta}\,d\theta = \int_0^{\frac{\pi}{4}} 1\,d\theta = \left[\theta\right]_0^{\frac{\pi}{4}} = \frac{\pi}{4}.$$

7-09 定積分の部分積分法

要点

$$\int_a^b f'(x)g(x)\,dx = \Big[f(x)g(x)\Big]_a^b - \int_a^b f(x)g'(x)\,dx \quad \cdots(*)$$

が成り立つ．これは2つの式の積で表される関数の定積分の値を求めるときによく用いられる．

(注)　(*)が導かれる過程を記すと，次のようになる．

$$\int_a^b f'(x)g(x)\,dx = \int_a^b \{f'(x)g(x) + f(x)g'(x) - f(x)g'(x)\}dx$$
$$= \int_a^b \{f'(x)g(x) + f(x)g'(x)\}dx - \int_a^b f(x)g'(x)\,dx$$
$$= \Big[f(x)g(x)\Big]_a^b - \int_a^b f(x)g'(x)\,dx.$$

関連 → 7-04

定積分の部分積分法

例題 1

次の定積分の値を求めよ．

(1) $\displaystyle\int_2^3 \log(x-1)\,dx$ 　　　　(2) $\displaystyle\int_0^1 xe^x\,dx$

▶解答と解説

(1) $\displaystyle\int_2^3 \log(x-1)\,dx = \int_2^3 1\cdot\log(x-1)\,dx = \int_2^3 (x-1)'\cdot\log(x-1)\,dx$

$\displaystyle\qquad = \Big[(x-1)\log(x-1)\Big]_2^3 - \int_2^3 (x-1)\cdot\{\log(x-1)\}'\,dx$

$\displaystyle\qquad = 2\log 2 - \int_2^3 (x-1)\cdot\frac{1}{x-1}\,dx = 2\log 2 - \int_2^3 1\,dx$

$\displaystyle\qquad = 2\log 2 - \Big[x\Big]_2^3 = 2\log 2 - 1.$

(2) $\displaystyle\int_0^1 xe^x\,dx = \int_0^1 x\cdot(e^x)'\,dx = \Big[xe^x\Big]_0^1 - \int_0^1 (x)'\cdot e^x\,dx$

$\displaystyle\qquad = e - \int_0^1 1\cdot e^x\,dx = e - \int_0^1 e^x\,dx$

$\displaystyle\qquad = e - \Big[e^x\Big]_0^1 = e - (e-1) = 1.$

例題 2

$I_n = \displaystyle\int_0^1 x^n e^x\,dx$ (n は正の整数)とする．I_{n+1} を I_n を用いて表せ．

▶解答と解説

$\displaystyle I_{n+1} = \int_0^1 x^{n+1} e^x\,dx = \int_0^1 x^{n+1}\cdot(e^x)'\,dx = \Big[x^{n+1}e^x\Big]_0^1 - \int_0^1 (x^{n+1})'\cdot e^x\,dx$

$\displaystyle\qquad = e - \int_0^1 (n+1)x^n\cdot e^x\,dx = e - (n+1)\int_0^1 x^n e^x\,dx = e - (n+1)I_n$

であるから，

$$I_{n+1} = -(n+1)I_n + e. \quad \cdots \text{(補足)}$$

(補足)　$(x^{n+1})' = (n+1)x^n$ であることに着目すると，I_{n+1} を部分積分法により計算することで，I_{n+1} を I_n を用いて表すことができる．

第 7 章　積　分　法

7-10 定積分を含む等式

■ 要点

・定積分 $\int_a^b f(t)\,dt\,(a,\ b は定数)$ を含む等式

→ $a,\ b$ が定数のとき，$\int_a^b f(t)\,dt$ は定数である．

このことから，$\int_a^b f(t)\,dt\,(a,\ b は定数)$ を含む等式においては，

① $A = \int_a^b f(t)\,dt\,(A は定数)$ とおいて，

② **与えられた等式に含まれる定積分 $\int_a^b f(t)\,dt$ を，A に書き換える**

ことで，与えられた等式が見やすくなる．また，

③ $A = \int_a^b f(t)\,dt$ の右辺の定積分を計算することで，**A についての方程式が立ち，A の値が求められる**

ことがある．

(関連) → 7-10 例題 (1)

・定積分 $\int_a^x f(t)\,dt\,(a は定数)$ を含む等式

→ a が定数のとき，$\int_a^x f(t)\,dt$ を x で微分すると $f(x)$ となる，すなわち，$\dfrac{d}{dx}\int_a^x f(t)\,dt = f(x)$ が成り立つことから，**与えられた等式の両辺を x で微分して $f(x)$ が満たす等式を導くことで，$f(x)$ が求められる**ことがある．

また，**与えられた等式の両辺に $x = a$ を代入することで，与えられた等式に含まれる定数が求められる**ことがある．

(関連) → 7-10 例題 (2)

定積分を含む等式

例題

次の等式を満たす関数 $f(x)$ を求めよ．(2)については定数 k の値も求めよ．

(1) $f(x) = e^x + \int_0^1 x f(t)\, dt$ 　　　(2) $\int_1^x f(t)\, dt = e^{2x} + k$

▶解答と解説

(1) $f(x) = e^x + \int_0^1 x f(t)\, dt = e^x + x\int_0^1 f(t)\, dt$ である．

ここで，$A = \int_0^1 f(t)\, dt$（A は定数）とおけるので，
$$f(x) = e^x + Ax \quad \cdots (*)$$
と表せる．…(補足)

したがって，
$$\begin{aligned}
A &= \int_0^1 f(t)\, dt \\
&= \int_0^1 (e^t + At)\, dt \\
&= \left[e^t + \frac{A}{2} t^2 \right]_0^1 \\
&= e + \frac{A}{2} - 1
\end{aligned}$$

となるので，$A = e + \dfrac{A}{2} - 1$ であり，これより，$A = 2(e-1)$．

これを $(*)$ に代入して，$f(x) = e^x + 2(e-1)x$．

(2) $\int_1^x f(t)\, dt = e^{2x} + k$ の両辺を x で微分すると，$f(x) = 2e^{2x}$．

また，$\int_1^x f(t)\, dt = e^{2x} + k$ の両辺に $x=1$ を代入すると，
$$\int_1^1 f(t)\, dt = e^{2 \cdot 1} + k$$

すなわち，
$$0 = e^2 + k$$

となるので，$k = -e^2$．

以上より，$f(x) = 2e^{2x}$, $k = -e^2$．

(補足) $\int_0^1 x f(t)\, dt$ は定数とはいえない（x の関数である）ので，

$A = \int_0^1 x f(t)\, dt$（A は定数）とおくことはできない．

7-11

定積分と面積

■ **要点**

$a<b$ とする.

$a \leq x \leq b$ において $f(x) \geq 0$ であるとき,
$y=f(x)$ のグラフと2直線 $x=a$, $x=b$, および x 軸で囲まれた部分の面積を S とすると,

$$S = \int_a^b y\,dx \quad \cdots(注1)$$

すなわち,

$$S = \int_a^b f(x)\,dx$$

である. …(注2)

$$S = \int_a^b f(x)\,dx$$

$a \leq x \leq b$ において $f(x) \geq g(x)$ であるとき,
$y=f(x)$ のグラフと $y=g(x)$ のグラフ, および2直線 $x=a$, $x=b$ で囲まれた部分の面積は

$$\int_a^b \{f(x)-g(x)\}dx$$

である. …(注3)

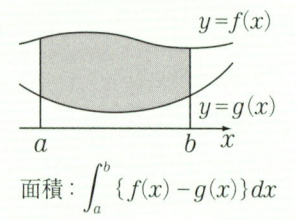

面積: $\int_a^b \{f(x)-g(x)\}dx$

(注1) もう少し詳しく書くと, $a \leq x \leq b$ を満たす x に対して, 曲線上の点の y 座標がただ一つ定まるとき, その y 座標を y と表すことにすれば,

$$S = \int_a^b y\,dx$$

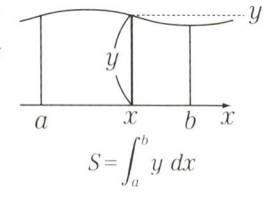

である.

$$S = \int_a^b y\,dx$$

(注2) 同様に, $a \leq y \leq b$ において $f(y) \geq 0$ であるとき, $x=f(y)$ のグラフと2直線 $y=a$, $y=b$, および y 軸で囲まれた部分の面積は $\int_a^b f(y)\,dy$ である.

(注3) 同様に, $a \leq y \leq b$ において $f(y) \geq g(y)$ であるとき, $x=f(y)$ のグラフと $x=g(y)$ のグラフ, および2直線 $y=a$, $y=b$ で囲まれた部分の面積は $\int_a^b \{f(y)-g(y)\}dy$ である.

定積分と面積

● 例題

次の曲線と直線で囲まれた部分の面積を求めよ．
(1) 曲線 $y = e^x$, 直線 $y = e$, y 軸．
(2) 曲線 $y = \sin x$ の $0 \leqq x \leqq \pi$ の部分，曲線 $y = \cos x$, y 軸．

▶解答と解説

(1) $y = e^x$ より，$x = \log y$.
よって，求める面積は，
$$\int_1^e \log y \, dy = \Big[y \log y\Big]_1^e - \int_1^e y \cdot \frac{1}{y} \, dy$$
$$= e - \int_1^e 1 \, dy$$
$$= e - \Big[y\Big]_1^e = e - (e-1) = 1.$$

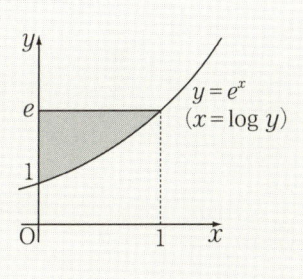

（別解）

4点 $(0, 0)$, $(1, 0)$, $(1, e)$, $(0, e)$ を頂点とする長方形の面積は $1 \cdot e = e$.
曲線 $y = e^x$, 直線 $x = 1$, x 軸，y 軸で囲まれた部分の面積は
$$\int_0^1 e^x \, dx = \Big[e^x\Big]_0^1 = e - 1.$$
よって，求める面積は $e - (e-1) = 1$.

(2) 求める面積は，
$$\int_0^{\frac{\pi}{4}} (\cos x - \sin x) \, dx$$
$$= \Big[\sin x + \cos x\Big]_0^{\frac{\pi}{4}}$$
$$= \left(\frac{\sqrt{2}}{2} + \frac{\sqrt{2}}{2}\right) - (0 + 1)$$
$$= \sqrt{2} - 1. \quad \cdots （補足）$$

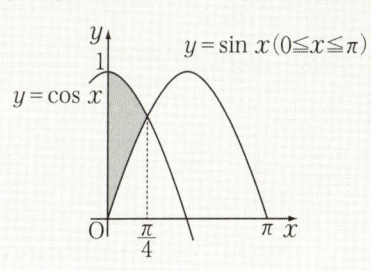

（補足） **定積分により面積を求めるときは，グラフ同士の上下関係と積分区間を的確に把握せねばならないことに注意**しておきたい．

7-12 定積分と体積

■ 要点

$a<b$ とする.

x 軸上の $a \leqq x \leqq b$ に存在する立体 K に対して，平面 $x=t$ ($a \leqq t \leqq b$) で K を切断したときの断面の面積を S とすると，K の体積は

$$\int_a^b S\,dt$$

である．…(注1)

体積：$\int_a^b S\,dt$

K が $y=f(x)$ のグラフと3直線 $x=a$, $x=b$, x 軸で囲まれた部分を x 軸のまわりに1回転させてできる立体であるとき，$S=\pi\{f(t)\}^2$ であるから，$y=f(x)$ のグラフと3直線 $x=a$, $x=b$, x 軸で囲まれた部分を x 軸のまわりに1回転させてできる立体の体積は

$$\int_a^b \pi\{f(t)\}^2\,dt$$

すなわち，

$$\int_a^b \pi\{f(x)\}^2\,dx \left(=\int_a^b \pi y^2\,dx\right). \quad \cdots(注2)$$

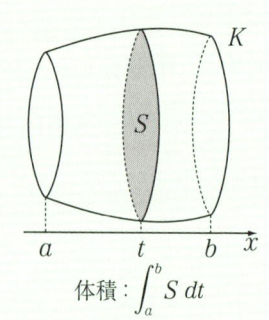

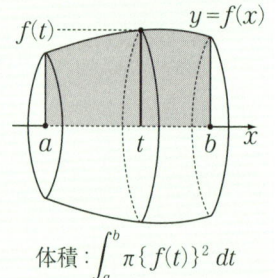

体積：$\int_a^b \pi\{f(t)\}^2\,dt$

(注1) 立体の体積は次の手順で求められる．

① **座標軸を定める**．
② 座標軸上において，立体が存在する範囲を求める．
③ 立体が存在する範囲内で，座標軸上に**座標が t である点を**とり，その点を通り座標軸に垂直な平面で立体を切断したときの**断面の面積**を求めて，
④ t を積分変数とし，**断面の面積**を座標軸上における立体の存在する範囲を積分区間として**積分する**．

(注2) $x=g(y)$ のグラフと3直線 $y=a$, $y=b$, y 軸で囲まれた部分を y 軸のまわりに1回転させてできる立体の体積は

$$\int_a^b \pi\{g(y)\}^2\,dy \left(=\int_a^b \pi x^2\,dy\right).$$

定積分と体積

例題1

曲線 $y = \sin x$ の $0 \leq x \leq \pi$ の部分と x 軸で囲まれた部分を x 軸のまわりに1回転させてできる立体の体積を求めよ．

▶解答と解説

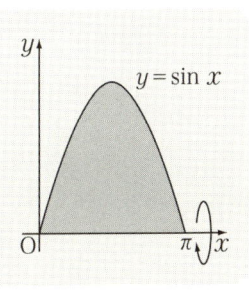

求める体積は
$$\int_0^\pi \pi(\sin x)^2\,dx = \pi \int_0^\pi \sin^2 x\,dx$$
$$= \pi \int_0^\pi \frac{1 - \cos 2x}{2}\,dx$$
$$= \pi \left[\frac{1}{2}x - \frac{1}{4}\sin 2x\right]_0^\pi = \frac{\pi^2}{2}.$$

例題2

xy 平面上の放物線 $y = x^2$ 上に点Pがあり，Pから x 軸に下ろした垂線と x 軸の交点をQとする．Qを通り xy 平面に垂直な直線上の xy 平面の上側の部分にQR = 1 となる点Rをとり，Pが放物線 $y = x^2$ の $1 \leq x \leq 2$ の部分を動くとき，三角形PQRの周および内部が通過してできる立体を K とする．

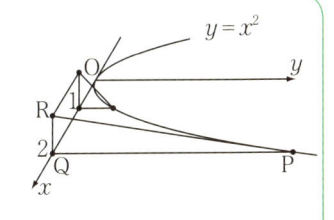

(1) 点 $(t, 0)$ $(1 \leq t \leq 2)$ を通り xy 平面に垂直な平面で立体 K を切断したときの断面の面積を $S(t)$ とする．$S(t)$ を t の式で表せ．

(2) K の体積 V を求めよ．

▶解答と解説

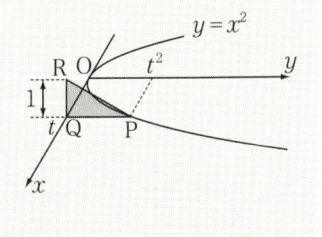

(1) 点 $(t, 0)$ $(1 \leq t \leq 2)$ を通り xy 平面に垂直な平面で立体 K を切断したときの断面は，2辺の長さが t^2, 1で，その2辺の間の角が90°の直角三角形である．

よって，$S(t) = \dfrac{1}{2} \cdot t^2 \cdot 1 = \dfrac{t^2}{2}$.

(2) $V = \displaystyle\int_1^2 S(t)\,dt = \int_1^2 \frac{t^2}{2}\,dt = \left[\frac{t^3}{6}\right]_1^2 = \frac{7}{6}$.

7-13 定積分と不等式

要点

$a<b$ とする.

(i) $f(x)$ は $a \leq x \leq b$ で連続で, かつ, つねに $f(x)=0$ とはならないものとする.
このとき,

$a \leq x \leq b$ において $f(x) \geq 0$
ならば
$$\int_a^b f(x)\,dx > 0$$

が成り立つ.

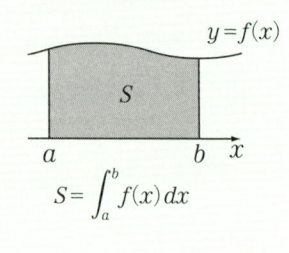

$$S = \int_a^b f(x)\,dx$$

(ii) $f(x)$, $g(x)$ はともに $a \leq x \leq b$ で連続で, かつ, つねに $f(x)=g(x)$ とはならないものとする. このとき,

$a \leq x \leq b$ において $f(x) \leq g(x)$
ならば
$$\int_a^b f(x)\,dx < \int_a^b g(x)\,dx$$

が成り立つ.

$$S_1 = \int_a^b f(x)\,dx \qquad S_2 = \int_a^b g(x)\,dx$$

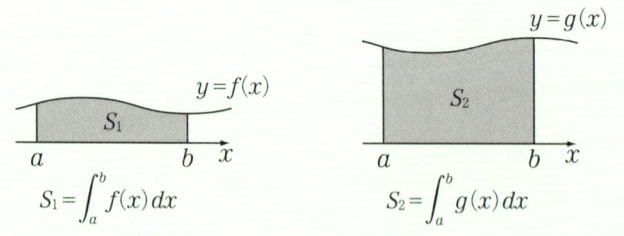

(i), (ii)のことを利用して, いろいろな不等式を立てることができる.

例題

(1) k を正の整数とする.「$k \leq x \leq k+1$ のとき, $\dfrac{1}{x} \leq \dfrac{1}{k}$ が成り立つ(等号は $x=k$ のときのみ成り立つ)…(*)」ことを利用して, $\displaystyle\int_k^{k+1} \dfrac{1}{x} dx < \dfrac{1}{k}$ が成り立つことを証明せよ.

(2) n を正の整数とする. 不等式 $\log(n+1) < \dfrac{1}{1} + \dfrac{1}{2} + \dfrac{1}{3} + \cdots + \dfrac{1}{n}$ が成り立つことを証明せよ.

▶解答と解説

(1) (*)より, $\displaystyle\int_k^{k+1} \dfrac{1}{x} dx < \int_k^{k+1} \dfrac{1}{k} dx$ が成り立つ.

さらに, $\displaystyle\int_k^{k+1} \dfrac{1}{k} dx = \left[\dfrac{x}{k}\right]_k^{k+1} = \dfrac{1}{k}$ より, $\displaystyle\int_k^{k+1} \dfrac{1}{x} dx < \dfrac{1}{k}$ が成り立つ.

(2) (1)より, 正の整数 k に対して, $\displaystyle\int_k^{k+1} \dfrac{1}{x} dx < \dfrac{1}{k}$ が成り立つので,

$$\int_1^2 \dfrac{1}{x} dx + \int_2^3 \dfrac{1}{x} dx + \int_3^4 \dfrac{1}{x} dx + \cdots + \int_n^{n+1} \dfrac{1}{x} dx < \dfrac{1}{1} + \dfrac{1}{2} + \dfrac{1}{3} + \cdots + \dfrac{1}{n}$$

すなわち,

$$\int_1^{n+1} \dfrac{1}{x} dx < \dfrac{1}{1} + \dfrac{1}{2} + \dfrac{1}{3} + \cdots + \dfrac{1}{n}$$

が成り立つ. このことと, $\displaystyle\int_1^{n+1} \dfrac{1}{x} dx = \Big[\log|x|\Big]_1^{n+1} = \log(n+1)$ より,

$\log(n+1) < \dfrac{1}{1} + \dfrac{1}{2} + \dfrac{1}{3} + \cdots + \dfrac{1}{n}$ が成り立つ.

(補足) (1), (2)の不等式はそれぞれ(図1), (図2)の長方形の面積(の総和)が灰色部分の面積(の総和)より大きいことを示している.

また, (2)の不等式から, 無限級数 $\dfrac{1}{1} + \dfrac{1}{2} + \dfrac{1}{3} + \cdots + \dfrac{1}{n} + \cdots$ は発散することがわかる.

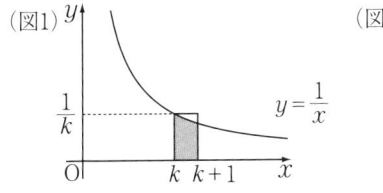

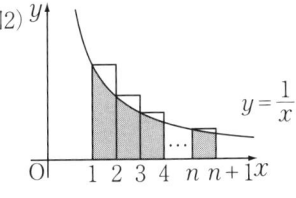

(図1) (図2)

7-14 区分求積法

要点

$f(x)$ は $0 \leqq x \leqq 1$ で連続であるとする.このとき,

$$\lim_{n\to\infty}\frac{1}{n}\sum_{k=1}^{n}f\left(\frac{k}{n}\right)=\int_0^1 f(x)\,dx,\quad \lim_{n\to\infty}\frac{1}{n}\sum_{k=0}^{n-1}f\left(\frac{k}{n}\right)=\int_0^1 f(x)\,dx$$

が成り立つ. …(注)

これは無限級数の和を求める手段の一つとして活用できる. すなわち,

① $\dfrac{1}{n}\times\left(\dfrac{k}{n}\text{の式}\right)$ と表すことができる式の和があって,

② $\left(\dfrac{k}{n}\text{の式}\right)=f\left(\dfrac{k}{n}\right)$ とおいたとき,その和が $\dfrac{1}{n}\sum_{k=1}^{n}f\left(\dfrac{k}{n}\right)$, または, $\dfrac{1}{n}\sum_{k=0}^{n-1}f\left(\dfrac{k}{n}\right)$ と表されるならば,

③ n を限りなく大きくするとき,**その和は $\int_0^1 f(x)\,dx$ に収束する**.

(注) $\dfrac{1}{n}\sum_{k=1}^{n}f\left(\dfrac{k}{n}\right)$, $\dfrac{1}{n}\sum_{k=0}^{n-1}f\left(\dfrac{k}{n}\right)$ はそれぞれ(図1),(図2)の灰色部分の長方形の面積の総和である.

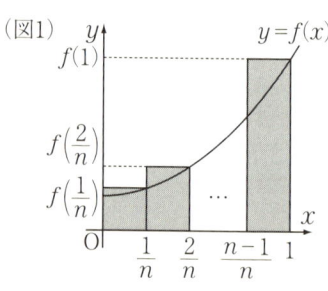

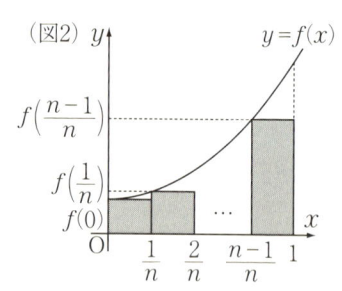

(図1) (図2)

さらに,$a\leqq x \leqq b$(ただし,$a<b$ とする)で連続である関数 $f(x)$ に対して

$$\lim_{n\to\infty}\frac{b-a}{n}\sum_{k=1}^{n}f\left(a+\frac{b-a}{n}k\right)=\int_a^b f(x)\,dx,$$

$$\lim_{n\to\infty}\frac{b-a}{n}\sum_{k=0}^{n-1}f\left(a+\frac{b-a}{n}k\right)=\int_a^b f(x)\,dx$$

が成り立つ.

区分求積法

例題

n を正の整数とする．次の極限を求めよ．

(1) $\displaystyle\lim_{n\to\infty}\sum_{k=1}^{n}\frac{2k}{k^2+n^2}$

(2) $\displaystyle\lim_{n\to\infty}\left(\frac{1}{2n}+\frac{1}{2n+1}+\frac{1}{2n+2}+\cdots+\frac{1}{3n-1}\right)$

▶解答と解説

(1)
$$\sum_{k=1}^{n}\frac{2k}{k^2+n^2}=\sum_{k=1}^{n}\frac{2\cdot\dfrac{k}{n^2}}{\dfrac{k^2}{n^2}+1}=\frac{1}{n}\sum_{k=1}^{n}\frac{2\cdot\dfrac{k}{n}}{\left(\dfrac{k}{n}\right)^2+1}$$

であり，

$$\lim_{n\to\infty}\frac{1}{n}\sum_{k=1}^{n}\frac{2\cdot\dfrac{k}{n}}{\left(\dfrac{k}{n}\right)^2+1}=\int_{0}^{1}\frac{2x}{x^2+1}\,dx=\Big[\log|x^2+1|\Big]_{0}^{1}=\log 2$$

が成り立つことから，

$$\lim_{n\to\infty}\sum_{k=1}^{n}\frac{2k}{k^2+n^2}=\log 2.$$

(2)
$$\frac{1}{2n}+\frac{1}{2n+1}+\frac{1}{2n+2}+\cdots+\frac{1}{3n-1}=\sum_{k=0}^{n-1}\frac{1}{2n+k}=\frac{1}{n}\sum_{k=0}^{n-1}\frac{1}{2+\dfrac{k}{n}}$$

であり，

$$\lim_{n\to\infty}\frac{1}{n}\sum_{k=0}^{n-1}\frac{1}{2+\dfrac{k}{n}}=\int_{0}^{1}\frac{1}{2+x}\,dx=\Big[\log|2+x|\Big]_{0}^{1}=\log\frac{3}{2}$$

が成り立つことから，

$$\lim_{n\to\infty}\left(\frac{1}{2n}+\frac{1}{2n+1}+\frac{1}{2n+2}+\cdots+\frac{1}{3n-1}\right)=\log\frac{3}{2}.$$

第7章 積分法

7-15 偶関数と奇関数の定積分

要点

$f(x)$ が偶関数であるとき,

$$\int_{-a}^{a} f(x)\,dx = 2\int_{0}^{a} f(x)\,dx$$

が成り立つ.

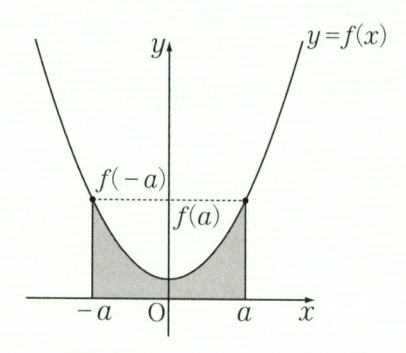

$f(x)$ が奇関数であるとき,

$$\int_{-a}^{a} f(x)\,dx = 0$$

が成り立つ.

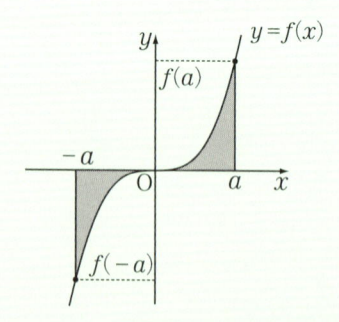

これらのことを利用すると，偶関数や奇関数の定積分の値を求めやすくなる.

関連 → 6-16

偶関数と奇関数の定積分

> **例題**
> (1) $f(x)=\cos^2 x$, $g(x)=x\cos x$, $h(x)=x^2$ に対して，これらの関数は「偶関数である」か「奇関数である」か「偶関数と奇関数のどちらでもない」かを答えよ．
> (2) 定積分 $\displaystyle\int_{-\pi}^{\pi}(\cos x+x)^2\,dx$ の値を求めよ．

▶解答と解説

(1) $f(-x)=\cos^2(-x)=\{\cos(-x)\}^2=(\cos x)^2=\cos^2 x=f(x)$ であるから，$f(x)$ は偶関数である．

$g(-x)=(-x)\cdot\cos(-x)=-x\cdot(\cos x)=-x\cos x=-g(x)$ であるから，$g(x)$ は奇関数である．

$h(-x)=(-x)^2=x^2=h(x)$ であるから，$h(x)$ は偶関数である．

(2)
$$\begin{aligned}
\int_{-\pi}^{\pi}(\cos x+x)^2\,dx &= \int_{-\pi}^{\pi}(\cos^2 x+2x\cos x+x^2)\,dx \\
&= \int_{-\pi}^{\pi}\cos^2 x\,dx+2\int_{-\pi}^{\pi}x\cos x\,dx+\int_{-\pi}^{\pi}x^2\,dx \\
&= 2\int_{0}^{\pi}\cos^2 x\,dx+2\cdot 0+2\int_{0}^{\pi}x^2\,dx \quad \cdots\text{(補足)} \\
&= 2\int_{0}^{\pi}(\cos^2 x+x^2)\,dx \\
&= 2\int_{0}^{\pi}\left(\frac{1+\cos 2x}{2}+x^2\right)dx \\
&= \int_{0}^{\pi}(1+\cos 2x+2x^2)\,dx \\
&= \left[x+\frac{1}{2}\sin 2x+\frac{2}{3}x^3\right]_{0}^{\pi} \\
&= \pi+\frac{2}{3}\pi^3.
\end{aligned}$$

(補足) (1)より，$\cos^2 x$ は偶関数，$x\cos x$ は奇関数，x^2 は偶関数であることがわかるので，(2)はこのように計算できる．

7-16 媒介変数表示で表される曲線と面積・体積

要点

座標平面上に曲線 C があり，C 上の点 (x, y) が t を媒介変数として
$$\begin{cases} x = f(t) \\ y = g(t) \end{cases}$$
で与えられているとする.

このとき，C を境界に含む領域の面積は次のようにして求めることができる.

① y を x の関数とみなして，定積分を立式する.
② 積分変数を媒介変数 t に変換し，定積分を計算する.

例題

t は $0 \leq t \leq \dfrac{\pi}{2}$ を満たす媒介変数で,
$$\begin{cases} x = \sin t \\ y = \sin 2t \end{cases}$$
により定まる点 (x, y) が描く曲線を C とする.C と x 軸で囲まれた部分の面積を S, C と x 軸で囲まれた部分を x 軸のまわりに1回転させてできる立体の体積を V とするとき,S と V を求めよ.

▶解答と解説

C の概形は次のようになる.

(関連) ➡ 6-19

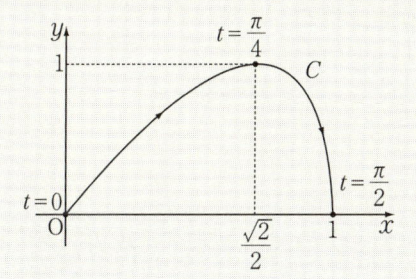

したがって,$S = \displaystyle\int_0^1 y\, dx = \int_0^{\frac{\pi}{2}} y \cdot \dfrac{dx}{dt}\, dt = \int_0^{\frac{\pi}{2}} (\sin 2t) \cdot (\cos t)\, dt$

$= \displaystyle\int_0^{\frac{\pi}{2}} (2 \sin t \cos t) \cdot (\cos t)\, dt = -2 \int_0^{\frac{\pi}{2}} (\cos^2 t) \cdot (-\sin t)\, dt$

$= -2 \left[\dfrac{\cos^3 t}{3} \right]_0^{\frac{\pi}{2}} = \dfrac{2}{3}.$

また,$V = \displaystyle\int_0^1 \pi y^2\, dx = \pi \int_0^{\frac{\pi}{2}} y^2 \cdot \dfrac{dx}{dt}\, dt = \pi \int_0^{\frac{\pi}{2}} (\sin 2t)^2 \cdot (\cos t)\, dt$

$= \pi \displaystyle\int_0^{\frac{\pi}{2}} (2 \sin t \cos t)^2 \cdot (\cos t)\, dt = 4\pi \int_0^{\frac{\pi}{2}} (\sin^2 t) \cdot (\cos^2 t) \cdot (\cos t)\, dt$

$= 4\pi \displaystyle\int_0^{\frac{\pi}{2}} (\sin^2 t) \cdot (1 - \sin^2 t) \cdot (\cos t)\, dt$

$= 4\pi \displaystyle\int_0^{\frac{\pi}{2}} (\sin^2 t - \sin^4 t) \cdot (\cos t)\, dt = 4\pi \left[\dfrac{\sin^3 t}{3} - \dfrac{\sin^5 t}{5} \right]_0^{\frac{\pi}{2}} = \dfrac{8}{15}\pi.$

7-17 速度と道のり・曲線の長さ

要点

- 速度と道のり
  → 数直線上を動く点Pがあり,点Pの時刻tにおける速度vが$v=f(t)$と表されるものとする.

  このとき,点Pの時刻αにおける位置の座標をx_α,時刻βにおける位置の座標をx_βとすると,
  $$x_\beta - x_\alpha = \int_\alpha^\beta f(t)\,dt$$
  であり,**点Pが時刻αにおける位置から時刻βにおける位置までに進んだ道のりは**,
  $$\int_\alpha^\beta |f(t)|\,dt$$
  である(ただし,$\alpha<\beta$とする).

- 曲線の長さ
  → $\alpha<\beta$とする.座標平面上に曲線Cがあり,C上の点(x,y)がtを媒介変数として
  $$\begin{cases} x=f(t) \\ y=g(t) \end{cases}$$
  で与えられているとき,**Cの$\alpha \leqq t \leqq \beta$に対応する部分の長さは**
  $$\int_\alpha^\beta \sqrt{\left(\frac{dx}{dt}\right)^2 + \left(\frac{dy}{dt}\right)^2}\,dt$$
  である.

  また,関数$y=f(x)$のグラフ上の点(x,y)はtを媒介変数として
  $$\begin{cases} x=t \\ y=f(t) \end{cases}$$
  と表せるから,**関数$y=f(x)$のグラフの$a \leqq x \leqq b$の部分の長さは**
  $$\int_a^b \sqrt{1^2 + \left(\frac{dy}{dt}\right)^2}\,dt$$
  すなわち,
  $$\int_a^b \sqrt{1 + \left(\frac{dy}{dx}\right)^2}\,dx$$
  である(ただし,$a<b$とする).

速度と道のり・曲線の長さ

例題1

数直線上を動く点Pがあり，点Pの時刻tにおける速度vが$v=\cos t$と表されている．また，時刻0のとき点Pは原点にある．次の問いに答えよ．

(1) 時刻$\frac{5}{6}\pi$における点Pの座標をXとする．Xの値を求めよ．

(2) 時刻0から時刻$\frac{5}{6}\pi$までに点Pが進んだ道のりをLとする．Lの値を求めよ．

▶解答と解説

(1) $X-0=\int_0^{\frac{5}{6}\pi}\cos t\,dt=\left[\sin t\right]_0^{\frac{5}{6}\pi}=\frac{1}{2}$ より，$X=\frac{1}{2}$．

(2) $L=\int_0^{\frac{5}{6}\pi}|\cos t|\,dt=\int_0^{\frac{\pi}{2}}\cos t\,dt+\int_{\frac{\pi}{2}}^{\frac{5}{6}\pi}(-\cos t)\,dt$

$=\left[\sin t\right]_0^{\frac{\pi}{2}}+\left[(-\sin t)\right]_{\frac{\pi}{2}}^{\frac{5}{6}\pi}=1+\frac{1}{2}=\frac{3}{2}$．

(補足) 点Pは右の図のように動く．なお，

$X=\ell_1+\ell_2-\ell_2,\ L=\ell_1+\ell_2+\ell_2$

である．

例題2

tは$0\leqq t\leqq\frac{\pi}{2}$を満たす媒介変数で，

$\begin{cases}x=e^t\cos t\\y=e^t\sin t\end{cases}$

により定まる点(x,y)が描く曲線をCとする．
Cの長さを求めよ．

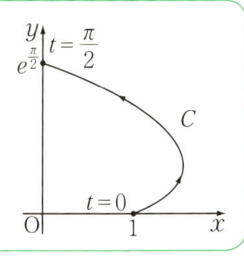

▶解答と解説

$\frac{dx}{dt}=e^t\cos t-e^t\sin t,\ \frac{dy}{dt}=e^t\sin t+e^t\cos t$ より，

$\sqrt{\left(\frac{dx}{dt}\right)^2+\left(\frac{dy}{dt}\right)^2}=\sqrt{(e^t\cos t-e^t\sin t)^2+(e^t\sin t+e^t\cos t)^2}=\sqrt{2}e^t$

であるから，Cの長さは$\int_0^{\frac{\pi}{2}}\sqrt{2}e^t\,dt=\left[\sqrt{2}e^t\right]_0^{\frac{\pi}{2}}=\sqrt{2}(e^{\frac{\pi}{2}}-1)$．

第7章 積分法

数の分類

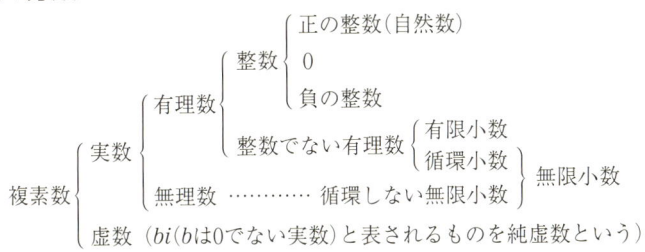

$$\text{複素数} \begin{cases} \text{実数} \begin{cases} \text{有理数} \begin{cases} \text{整数} \begin{cases} \text{正の整数(自然数)} \\ 0 \\ \text{負の整数} \end{cases} \\ \text{整数でない有理数} \begin{cases} \text{有限小数} \\ \text{循環小数} \end{cases} \end{cases} \\ \text{無理数} \cdots\cdots \text{循環しない無限小数} \end{cases} \\ \text{虚数}\ (bi(b\text{は}0\text{でない実数})\text{と表されるものを純虚数という}) \end{cases}$$

無限小数

ギリシャ文字

大文字	小文字	読み方
A	α	アルファ
B	β	ベータ
Γ	γ	ガンマ
Δ	δ	デルタ
E	ε	イプシロン
Z	ζ	ゼータ
H	η	イータ
Θ	θ	シータ
I	ι	イオタ
K	κ	カッパ
Λ	λ	ラムダ
M	μ	ミュー

大文字	小文字	読み方
N	ν	ニュー
Ξ	ξ	クシー(グザイ)
O	o	オミクロン
Π	π	パイ
P	ρ	ロー
Σ	σ	シグマ
T	τ	タウ
Y	υ	ユプシロン(ウプシロン)
Φ	ϕ	ファイ
X	χ	カイ
Ψ	ψ	プシー(プサイ)
Ω	ω	オメガ

区間を表す記号 (a, b は $a<b$ を満たす定数である)

$[a, b]$	閉区間	$\{x \mid a \leq x \leq b\}$
(a, b)	開区間	$\{x \mid a < x < b\}$

数Ⅲ定理・公式ポケットリファレンス

索　引

【英字】

e	68, 78
$\log x$	68, 78

【あ行】

1次近似式	106
1 の n 乗根	8
陰関数	84
上に凸	100
追い出しの原理	44, 60

【か行】

回転移動	6
加速度	108
下端	124
奇関数	104, 140
共役複素数	10
極形式	6
極限値	38, 52
極座標	26
極小	96
曲線の長さ	144
極大	96
極値	96
極方程式	26, 28
偶関数	104, 140

区分求積法	138
原始関数	112
高次導関数	90
合成関数	36
合成関数の微分	80

【さ行】

自然対数	68, 78
下に凸	100
収束	38, 52
純虚数	10
準線	18, 28
上端	124
焦点	14, 16, 18, 28
振動	44
積分変数	112, 124
漸近線	16, 102
双曲線	16
速度	108, 144

【た行】

対数微分法	88
楕円	14
置換積分法	114
中間値の定理	72
直交座標	26

導関数 …………………… 76
ド・モアブルの定理 ……… 8
媒介変数 ……………… 22, 24, 86, 92, 108, 110, 142, 144
媒介変数表示
 ………… 22, 24, 86, 110, 142

【は行】

はさみうちの原理 …… 44, 60
発散 ……………… 40, 44, 54
速さ ……………………… 108
被積分関数 ……… 112, 124
左側極限 ………………… 58
微分可能 ………………… 74
微分係数 ………………… 74
微分する ………………… 76
複素数平面 ………………… 6
不定形 ………………… 42, 56

不定積分 ………………… 112
部分和 ……………… 48, 50
分数関数 ………………… 30
平均値の定理 …………… 94
変曲点 ………………… 100
法線 ……………………… 92
放物線 …………………… 18

【ま行】

右側極限 ………………… 58
道のり ………………… 144
無限級数 ………………… 48
無限等比級数 …………… 50
無理関数 ………………… 32

【ら行】

離心率 …………………… 28
連続 ……………………… 70

著者プロフィール

秦野 透（はたの とおる）

河合塾数学科講師．専攻は代数的整数論．
高校数学の初学者から大学受験生まで幅広く指導する
傍ら，模擬試験や教材の作成，および保護者への講演
など，多方面から大学受験に携わる．
著書に，『数Ⅲ攻略精選問題集40』（技術評論社）がある．

数Ⅲ定理・公式ポケットリファレンス

2014年 10月10日 初版 第1刷発行

著 者	秦野 透（はたの とおる）
発行者	片岡 巌
発行所	株式会社技術評論社
	東京都新宿区市谷左内町21-13
	電話　03-3513-6150　販売促進部
	03-3267-2270　書籍編集部
印刷／製本	昭和情報プロセス株式会社

●装丁
下野ツヨシ（ツヨシ＊グラフィックス）

●本文デザイン、DTP
株式会社 森の印刷屋

定価はカバーに表示してあります。

本書の一部または全部を著作権法の定める範囲を超え、無断で複写、複製、転載あるいはファイルに落とすことを禁じます。

©2014 Toru Hatano

造本には細心の注意を払っておりますが、万一、乱丁（ページの乱れ）や落丁（ページの抜け）がございましたら、小社販売促進部までお送りください。送料小社負担にてお取り替えいたします。

ISBN978-4-7741-6713-8　C7041

Printed in Japan